所有失去的，都会以另一种方式给你收获

王 迪 编著

辽海出版社

图书在版编目（CIP）数据

所有失去的，都会以另一种方式给你收获 / 王迪编著．— 沈阳：辽海出版社，2017.10

ISBN 978-7-5451-4457-4

Ⅰ．①所… Ⅱ．①王… Ⅲ．①人生哲学－通俗读物 Ⅳ．① B821-49

中国版本图书馆 CIP 数据核字（2017）第 264489 号

所有失去的，都会以另一种方式给你收获

责任编辑：柳海松
责任校对：丁　雁
装帧设计：廖　海
开　　本：630mm × 910mm
印　　张：14
字　　数：143 千字
出版时间：2018 年 5 月第 1 版
印刷时间：2019 年 8 月第 3 次印刷

出版者：辽海出版社
印刷者：北京一鑫印务有限责任公司

ISBN 978-7-5451-4457-4　　　　定　　价：68.00 元

前言

《了凡四训》中最早提出了“舍得”一词，多少年来关于舍得的处世哲学一直被人们不断提起，不断讲述。舍得之间到底是怎样一种辩证关系？曾有人打过这样一个简单的比喻，舍得之道就像一只装满水的杯子，要么喝掉，要么倒掉，总需先弃，才可后蓄新水。而任何事情皆是如此，有些时候你认为得到了，但其实你正在失去，就像水杯虽装了新水，但旧水已倾倒；有些时候你觉得失去了，但相反可能会有另外的收获，仍如水杯，失了旧水，后面却得了新水。这就是“有舍必有得，有得也必有舍”的道理。

弘一法师李叔同曾说：“舍得，舍得，有舍才有得。小舍小得，大舍大得，难舍难得，不舍不得。”当代著名作家贾平凹先生也曾做过一篇专门讲述“舍得”的文章。文章大意表明，世界是阴与阳的构成，人在世上活着也就是一舍一得的过程。

的确，“舍得”二字，蕴涵着人生的真谛。

王昭君舍弃了锦衣玉食，得到了一世太平与后世赞美；李白舍弃了富贵，而留住了“安能摧眉折腰事权贵，使我不得开心颜”的傲骨；陶渊明舍弃了“春风得意马蹄疾”的仕途风光，却尽享了“榆柳荫后檐，桃李罗堂前”的闲适惬意……

舍得之道适用于人生的各个领域，舍得是生活的哲学，是处世的艺术，是万物运行的机理，是和谐统一的根基。

然而，没有领悟舍得真义的人则往往受害于自己的无知。

当年，范蠡舍下复国之功，不享荣华，独自放舟于江湖，保得了身家性命；而文种却因看不清形势，一时贪恋权位，终遭猜忌被赐死。

当年，萧何为免刘邦之疑，不惜自污名声，得其信任，保得一世安稳；而韩信却太在乎权名，过于狂妄，终被吕后诱杀。

历史上能昭示舍得之机的例子众多，而现代社会不知如何取舍的也大有人在。

普通人也大多只想得到不想付出，因而在工作时看钱下功夫，失去升职的机会；在与人交往时斤斤计较，使人际沟通不畅；在感情生活中过于自我，进而错失情缘。

太多人终因舍不下，而失去更多。

其实，“舍得”二字已经包括了人生全部的真知。成熟的人、成功的人、大爱之人、宽怀之人都是了悟“舍得”之智的人。他们得而不喜，失而不忧。他们不功利，不世俗；他们敢于奉献，甘于付出；他们懂得“将欲取之，必先予之”的道理，也因此有了一般人所没有的收获。

百年的人生，不过是一舍一得的重复。大地舍弃繁花，才有秋收的硕果；人类舍弃安逸，才有不断的进步……让我们领悟舍得的智慧，进入舍得的境界，人生将大有不同。

本书道出了智慧之人的舍得之道，也写出了愚鲁之人的失败教训；用简单的哲理道出了“舍得”的内涵，并揭示出舍得之道对于人生发展的重要影响。若能领悟本书的道理，那么人生的道路可能就会少几道弯，多几扇门。

目　录

卷一　舍是得之因，得是舍之果

卷二　时时拿得起，处处放得下

卷三　心灵勤拂拭，不使惹尘埃

卷四　退让不吃亏，忍耐是保全

卷五　舍弃贪婪心，换得宁静来

卷六　错的莫坚持，放弃是明智

卷七　莫追眼前利，放眼看未来

卷八　帮人是帮己，付出是收获

卷九 恋是为爱，分手也为爱

卷一

舍是得之因，得是舍之果

人活一世，不过是一舍一得的重复。弘一大师有句名言：“舍得，舍得，有舍才有得。”舍与得互为因果关系，有舍必有得，有得必有舍。人生就是这样，若想要得到一些东西，必然要放弃一些东西，如果舍不得，又怎能求得到？

1. 舍不得自然得不到

舍得舍得，小舍小得，大舍大得，懂得放弃的人才会真正拥有自己想要的一切。

历史上，永州人都特别善于游泳。有一天，河水突然暴涨，有几个永州人正乘坐在一条小船上。结果刚到江中心，船就漏水了，船上的人就只好跳到水里往岸上游。其中最会游泳的一个人使出了全身的力气，但还是没有平常游得快。他的同伴很疑惑，于是问他为什么今天这么吃力。那个人回答说：“我腰里缠着太多的钱，现在重得不行，所以今天特别吃力。”于是同伴劝他快把钱扔掉，但是这个人说什么也不肯。

过了一会儿，这个人更没有力气了。那些已经到了岸上的同伴又大声劝他扔掉钱，他摇了摇头，最后沉入水中淹死了。

为了达到目标，就必须扔掉很多累赘。这些累赘很多时候都会影响目标的实现，因此必须扔掉。舍不得自然得不到。

人要舍掉生活的惰性。生活一旦形成惰性，做什么事情都很难有激情。即使下定决心做一件事情的时候，往往一遇到困难就想退回到原来的生活状态之中。这就是如果想毁掉一个人就只需要让他安逸起来的原因。

人还应该舍掉目标以外的东西。因为人的时间和精力都很有限，只有把有限的时间和精力都放在事业上，才能够确保取得最大的成功。每一个人都会有很多目标，但最后必须确定一个目标，然后努力将这个目标实现。但许多人常常会有一些不切实际的想法，总想着为了逃避风险，便多确定几个目标，这样即使一个目标无法实现，另外几个目标也有可能实现。殊不知这种想法是最致命的，多个目标自然分散精力，一个目标无法实现，很容易像多米诺骨牌一样导致所有的目标都无法实现。人在面临多个目标时往往不会全力以赴，而是以为这个不行，下个可以补充，以这样的心态又怎么能实现目标呢？

最后，人应该舍掉的是以成功者自居的心态，也就是说人要有一种归零心态。不管以前怎样成功，既然选择了从事新的事业，那么以前的成功都要一概抹掉，一切从零开始，一切从头再来。很久以前成功的经验并不符合今天的实际，但人们往往容易抱残守缺，容易相信自己曾经亲身经历过的一切，于是不相信理性的判断，不相信别人的劝说，一意孤行地坚持按照原来的办法来做，其结果可想而知。

《吕氏春秋》记载了这样一个故事：有个人路过江边，看见一个汉子正牵着一个婴儿，想要把他投进江里去，婴儿吓得“哇哇”乱叫。这人走上前去问那汉子：“你怎么把婴儿往江里投呢？”那汉子说：“怕什么？他的爸爸很会游泳。”

他的爸爸会游泳，他的儿子难道生来也会游泳吗？很多创业者有其父善游的心态，认为自己曾经成功过，现在成功也是不难的事情，殊不知这是自欺欺人。

得失心太重的人往往放不开手脚，不能做到忘我。只有真正地舍掉自我，舍掉曾经拥有的一些东西，才可能收获不一样的未来。就像做演员，一个演员在演戏的时候应该很投入，要舍掉自己，全情投入角色中。那些不投入的人，往往会有太多的顾虑，这样是没有办法演好戏的。

顿悟舍得：

人在得失心重的时候不妨问一下自己：“得到了又怎么样，失去了又怎么样？”如果回答好了这两个问题，心态自然会平和起来。

2. 丝毫不舍，如何能得

有位居士向禅师诉苦：“我的妻子非常吝啬，不但对慈善事业毫不关心，甚至连亲戚朋友遇到困难也不肯接济，与亲朋好友在一起聚会也是如此，请禅师去我家开导开导她。”

禅师就这样随这位居士来到他家中。果然，居士的妻子十分小气，仅仅给禅师倒了一杯白开水，连一点儿茶叶也舍不得放。禅师并不计较，但是，不知为什么，他用两个拳头夹着杯子喝水。居士的妻子“扑哧”一声笑了。

禅师问她笑什么，她说：“师父，你的手是不是有毛病，怎么总是攥着拳头？”

禅师问道：“攥着拳头不好吗？我若是天天这样呢？”

“那么就是有毛病了，天长日久，就成了畸形。”

“哦！”禅师像是恍然大悟，伸开手，却又总是翘着5根指头，说什么也不肯合拢。

居士的妻子又被他的滑稽模样逗乐了，笑着说：“师父，你的手总是这样，还是畸形！”

禅师点了点头，认真地说：“总是攥着拳头或总是摊开巴掌，都是畸形，这就如同我们的钱财，若是只知死死地攥在手里，总也不肯松开，天长日久，人的思想就成了畸形；若是大撒手，只知花用、不知储蓄也是畸形。钱，是流通的，只有流转起来，才能实现它的价值。”

居士妻子的脸红了，因为她明白了，禅师所做的一切，都是变相地说服她不要吝啬。但她总觉得像受了挫折，想给禅师出个难题，给自己找回面子。这时，她养的一只小猴子跑了进来，她灵机一动，将小猴子抱起来，对禅师说：“大师，您看这小猴子多可爱呀！跟我们人类的模样差不多。”

禅师开玩笑说：“它比人多了一身毛，若肯舍弃，就可以做人了。”

居士的妻子说：“您法力无边，请想个办法把它变成人吧！”

居士一边训斥妻子荒唐，一边向禅师道歉。谁知，禅师认认真真地说：“好吧，我可以试试看，不过，能不能变成人，还要看它自己了。”

禅师伸手拔了一根猴毛，小猴子痛得“吱吱”乱叫，从女主人怀里挣脱出去，逃之夭夭，不见踪影。禅师长长叹了一口气，摇着头说：“唉，它‘一毛不拔’，怎么能做人呢？舍得舍得，有舍才有得，丝毫不舍，如何能得？”

居士的妻子羞红了脸，再也无话可说了。

顿悟舍得：

人生是复杂的，有时又很简单，甚至简单到只有“舍”与“得”，而事情的结果也往往是这样：舍得，可使人得到许多回报；相反，舍不得，可能使人遗憾终生。

3. 滴自己的汗，吃自己的饭

有两个人在漫无边际的大海上漂泊了很久，他们想找一块生存的地方，最终来到了一座无人的荒岛。但是岛上虫蛇遍地，处处都潜伏着危险，条件十分恶劣，绝对不是一个适合生存的地方。

其中一个人说："我决定在这里待下去。这个地方虽然现在是差了点儿，但将来肯定会是个好地方。"而另一个人对这个地方十分不满意，于是他继续在大海上漂泊。后来这个人终于找到了一座鲜花烂漫的小岛，岛上已经有了人家，他们是 18 世纪海盗的后裔，几代人经过不懈的努力把小岛建成了一座花园。这个人一看，觉得很满意，于是他便留在这里做了小工，生活也谈不上好坏，反正能填饱肚子。

过了很多年，一个偶然的机会，他出海的时候恰好经过那座他曾经放弃的荒岛，于是他决定去拜望自己昔日的老朋友。一来到岛上，映入眼帘的一切，使他怀疑自己是不是走错了地方：高大的屋舍、整齐的田畴、健壮的青年、活泼的孩子……老朋友已经因为过度的劳累、困顿而渐渐衰老了，但他的精神仍然很好，尤其当说起变荒岛为乐园的经历时，更是神采奕奕。最后老朋友指着整个岛说："这一切都是我用自己的双手干出来的。这是我的岛屿。"

这个人此时不但没有愧疚，而且还抱怨说："为什么上天这么厚爱你，当时你要留我在这岛上，也许会比现在更好。”

一个人要想获得成功，就得依靠自己的积极行动，别人没有向你提供成功的条件的义务，你也不应该因为别人没提供给你助你成功的条件而抱怨，那只能证明你是一个懦弱的人。

不能老是期盼别人先给你什么，你才能做什么，而要靠自己去设法求取。成功的果实也只有经过自己的努力才能摘取到，如果总是把希望寄托在别人身上，总想着让别人为你准备好成功的条件，然后你才去行动，一旦别人没有这样做，你就在那里怨天尤人，那你永远也成功不了。所以，不要抱怨别人不能给你提供什么，要看看自己努力以后能争取到什么，这才是获得成功的途径。

郑板桥曾经说：“滴自己的汗，吃自己的饭，自己的事自己干，靠人靠天靠祖宗，不算是好汉。”爱默生说：“坐在舒适软垫上人容易打瞌睡。”依靠他人，觉得总是会有人为我们做任何事，所以不必努力，这种想法对我们独立发展和艰苦奋斗，是个致命的障碍。只有抛弃身边的每一根拐杖，破釜沉舟，依靠自己，才能赢得最后的胜利。

待在家里、总是得到父亲帮助的孩子一般都没有太大的出息，当他们不得不依靠自己，不得不动手去做，或是在蒙受了失败之辱时，他们通常就能在很短的时间内发挥出惊人的能力来。

成功不能依赖别人，还要靠自己。当你真正不依靠别人就能自强自立之时，你就踏上了成功之路。

顿悟舍得：

一个人要想获得成功，就得依靠自己的积极行动，别人没有向你提供成功的条件的义务，你也不应该因为别人没提供给你助你成功的条件而抱怨，那只能证明你是一个懦弱的人。

4. 要想有所得，必须脚踏实地去努力

俗话说，没有付出辛勤的耕耘，便不会有所收获。可以说，一个人要想获得成功，环境、机遇、学识等外部因素固然重要，但更重要的是依靠自身的努力与勤奋。如果缺少了这一重要的基础，无论一个人的先天条件多么优越，最终也只能望天兴叹；而一个先天条件并不好的人，却可以通过后天的努力和勤奋，取得令大多数人望尘莫及的成就。

有些人总以为梅兰芳的艺术成就是天赋条件好，其实应主要归功于他的刻苦学习，努力钻研。用他自己的话说："我是个拙笨的学艺者，没有充分的天才，全凭苦学。"

8 岁时梅兰芳就开始学戏了，而且学的是旦角。男孩子学旦角，唱、念、做，都要模仿女性，用假嗓唱，假嗓说。梅兰芳的先天条件并不好，有时候一出戏，老师教了多时，他还没有学会。

有一次，一位老师见他学得慢，生气地说："你不行，祖师爷没给你这碗饭吃！"

梅兰芳下决心一定要学出样子来，就用心琢磨，反复学。一段唱，一般人唱六七遍就会了，他却要唱二三十遍。渐渐地，他练出了一个又宽又亮又圆润甜美的好嗓子，唱出来让人特别爱听。

梅兰芳小时候，眼睛有点近视，眼皮下垂，眼珠也缺少神气，而旦角在台上的眼神特别重要，怎么办呢？后来他养了几只鸽子，每当鸽子飞起来后，他就用眼睛随着鸽子的飞翔而转动，越望越远。这样天长日久，他的眼睛就变得特别有神，直到老年，他在舞台上演出，还是光彩照人。

梅兰芳曾入“云和堂”学戏，拜吴菱仙老先生为师。吴先生对梅兰芳的要求很严，但梅兰芳总是按老师要求的那样，努力完成练功任务。当时，吴先生最厉害的一手是跷功。他搬来一条板凳，上面放着一块砖头，让梅兰芳脚踏两根半米多长的高跷站在砖头上，并要求站一炷香的工夫。起初，梅兰芳站上去总是战战兢兢，不到 3 分钟就腰酸脚疼支撑不住了。可他刚跳下来，又必须马上再站上去，因为一炷香烧不完，是不准下来休息的。为了练出过硬功夫，梅兰芳的腿都站肿了。

经过一段时间的基本功训练，梅兰芳的跷功有了很大的长进。但他没有满足，又设法增加训练难度。秋去冬来，他在庭院里找块儿地方浇了一个冰场，冰面光洁如镜，人走上去都免不了摔跤。可梅兰芳偏偏要踏上高跷，到冰场上去跑圆场。高跷本来重心就高，支撑面又很小，再加上冰滑，梅兰芳经常摔得身上青一块紫一块的。吴先生看了有些怜惜和心疼，就对梅兰芳说：“休息几天再练吧！”梅兰芳却坚决地说：“先生，您不是常常说，练功练功，一日不练三日空吗？”

冰上踩跷的功夫使梅兰芳受益甚大。他晚年时曾多次说过：“幼年练跷功，颇以为苦，但使我腰腿力量倍增。我在六十多岁时仍然演出《醉酒》《穆柯寨》一类刀马花旦戏，就不能不说是当年严格训练跷功的好处。真可谓‘不受一番冰霜苦，哪得梅花放清香’啊！”

俗话说，一分耕耘，一分收获。当你失败时，不妨想想这个亘古不变的道理。

读过这样一个故事：有一个青年画家，由于功夫不够，生性又草率，画出来的画总是很难卖出去。他看到大画家阿道夫·门采尔的画很受欢迎，便登门求教。

他问门采尔：“我画一幅画往往只用不到一天的时间，可为什么卖掉它却要等上整整一年？”

门采尔沉思了一下，说：“要是你花一年的工夫去画，那么，只要一天工夫就能卖掉它。”

“一年才画一幅，这有多慢啊！”青年惊讶地叫出声来。门采尔严肃地说：“创作是艰巨的劳动，没有捷径可走，试试吧，年轻人！”

青年画家接受了门采尔的忠告，回去以后，苦练基本功，深入搜集素材，周密构思，用了近一年的工夫画了一幅画，果然，它不到一天就被卖掉了。

所以，要想有所得，不仅要摒弃浮澡的心态，还要脚踏实地地去努力。

顿悟舍得：

如果缺少了努力与勤奋这一重要的基础，无论一个人的先天条件多么优越，最终也只能望天兴叹；而一个先天条件并不好的人，却可以通过后天的努力和勤奋，取得令大多数人望尘莫及的成就。

5. 如果你想得到一样东西，就要先付出某样东西

给予和索取就像人的呼吸一样，当你吸入空气，而没有呼出废气，你的肺就充满了二氧化碳。只有在这一吸一呼之间，才能维持正常的生理平衡，保持健康的身体状态。生活中的很多事情其实和呼吸是一样的道理。有舍有得才是智慧的人生态度，也是聪明的生活方式。如果你觉得你不够快乐，不是因为拥有的少，而是因为你不懂得舍得的智慧。如果你紧握自己手中的东西，就注定无法张开手拿到更多，这样做的结果常常是一无所获，空忙活一场。

一棵苹果树，经过漫长的分枝抽叶，终于在一年的春天开花结果了。第一年，它结了 10 个苹果，被人拿走了 9 个，它自己只得到一个。苹果树愤愤不平，干脆自断经脉，拒绝成长。第二年，它只结了 5 个苹果，4 个被拿走了，自己依然得到一个。

“哈哈，去年我得到了 10%，今年我得到了 20%，翻了一番。”苹果树的心理平衡了很多。

而另一棵树恰恰相反。它在第二年更加努力地吸收阳光雨露，疯狂生长，结出 100 个果子，被拿走 99 个，自己只得到一个，却乐在其中；第三年，它依然蓬勃生长，保持勃勃生机；第五

年它结出500个果子，成为苹果林中的辉煌一景。其实，得到多少果子并不是最重要的，重要的是，自己永远在成长，不是吗？最后，第一棵苹果树死掉了，而第二棵苹果树却还在快乐地生长着，奉献着，被人们赞赏着。第二棵苹果树给予了人们甜美的果实，同时也收获了快乐和他人的赞美。

富兰克林曾说过这样一句话："如果你想交一个朋友，就先帮他一个忙。"换句话说就是，如果你想得到一样东西，你就要先付出某种东西。

春秋时期，晋国当权贵族智伯倚仗权势向魏桓子强行索要土地。魏桓子的谋士献计，同意给土地，这样智伯就会更加贪婪，再向其他贵族要地，其他贵族就会联合对付他。后来智伯被贵族联合打败，魏桓子得到了更多的土地。

在这个世界上，有多少人在追求利益时犯了鼠目寸光的错误。他们看到的只是金钱，而从来没有看到财富；只看到自己的利益，而看不到人与人之间的互惠互利；他们只看到眼前的蝇头小利，看不到远方取之不尽的"宝藏"。我们都曾被表面上的利益蒙蔽双眼，在获得真正财富的路上迷失方向，也将自己困在贪婪的迷宫里。很多人一生都在追逐那些蝇头小利却一无所获，只有到了蓦然回首时，才幡然醒悟，开始懂得给予。其实给予是得到的最好方法，如果能懂得这个道理，将会使你一生都受用不尽。

西方人信奉"施比受更有福"，也深信"凡你所施予别人的，最终都会回到自己身上"。而中国自古推崇"只管耕耘，不问收获"的老黄牛精神，《道德经》也言："将欲取之，必先予之。"这些都说明了一个道理：要想更好地得到，就必须先学会给予。有时给予也会给人们带来意想不到的收获，至少会得到别人的尊敬，也会因此而实现自身的价值，得到发自内心的快乐。而如果一味地保留或索取，不但会让你离人群越来越远，还很可能最终一无所有。

顿悟舍得：

给予和索取就像人的呼吸一样，当你吸入空气，而没有呼出废气，你的肺就充满了二氧化碳。只有在这一吸一呼之间，才能维持正常的生理平衡，保持健康的身体状态。生活中的很多事情其实和呼吸是一样的道理。有舍有得才是智慧的人生态度，也是聪明的生活方式。

6. 想赚钱就得吃苦，想赚大钱就得吃大苦

许多人都梦想着有朝一日自己能够成为人人羡慕的富人或者名人，但令人感到悲哀的是，他们只看到了富人和名人风光的一面，却没有看到他们在创造财富和名气的过程中所付出的艰辛。

想赚钱就得吃苦，想赚大钱就得吃大苦，这是千真万确、颠扑不破的真理。如果你拥有远大的理想，却不去努力奋斗，这种理想将永远都是梦想而已。

在同一座山上，有两块相同的石头，几年后却有着截然不同的结局。一块石头受到很多人的敬仰和膜拜，而另一块石头却没人理睬。那块没人理睬的石头心理极不平衡地说道："老兄呀，我们同样都是石头，为什么命运差距这么大啊？"

另一块石头回答道："你还记得吗？几年前，山里来了一个雕刻家，你吃不了那般苦，害怕那割在身上一刀刀的痛，而我却忍受着一刀刀的痛，终于变成了佛像，所以人家膜拜我而不理睬你啊！"

天下没有免费的午餐。别以为富人赚的钱都是天上掉下来的，他们都是靠着自己的双手努力奋斗得来的。吃得苦中苦，方为人上人。

"袜子大王"翁荣金兄弟，1986 年到新疆做生意，他俩在

拥挤的火车上站了4天4夜。翁荣金后来回忆说，那4天4夜漫长得仿佛是人的一生，到站的时候，兄弟俩的腿已肿得不能走路了。后来兄弟俩又一起摆地摊，每天吃两顿盒饭，睡三四个小时。

威力打火机的老板徐勇水当年为筹集创业资金，把东北的铝锭“倒运”到温州卖。由于没钱雇人，他自己搬运铝锭上火车。有一次被脱手的铝锭砸伤了脚，为了“押运”车皮，他几天几夜都没敢合眼。

那些白手起家的富人，他们几乎无一例外地都是靠吃大苦、赚小钱才完成原始积累的。他们身体上不怕劳累，心理上不怕折磨，事业上不怕起伏，致富过程中不怕艰险，所以才能成为“人上人”。

“自古英雄多磨难，纨绔子弟少伟男”，即使你天生好命，有个会赚钱的老爸，但富不过三代的道理谁都明白。如果你不去维持这些财富或者创造出更多的财富，再多的钱都不够你挥霍。天生好命的人毕竟少，世上多是出身贫寒或者一般的人，为什么有的人吃穿不愁，有的人却仍然为了口饭吃而发愁？相信每个人心里都已经有了答案。

顿悟舍得：

那些白手起家的富人，他们几乎无一例外的是靠吃大苦、赚小钱才完成原始积累的。他们身体上不怕劳累，心理上不怕折磨，事业上不怕起伏，致富过程中不怕艰险，所以才能成为“人上人”。

7. 自私自利的人不会有收获

只想别人为自己忙前忙后，却从不愿意为别人付出，这就是自私自利的人的一贯做法。在这些人的心目中，自己的利益最重要。他们结交朋友目的性十足，如果对方能给自己带来好处，则会热情结交，对自己没有利用价值或是帮助不大的人，他们是不愿理睬的。在他们看来，没有收获的付出就是吃亏。生活中，这种人并不罕见。

人与人之间的相处是互惠互利的，单方面的获利必然会引起失衡，这样的关系必定难以牢固，破裂也就是很自然的事情了。还有一类人也愿意付出，不过当他们发现别人因为自己的付出获得了更加丰厚的利润时，那颗不平衡的心就会蠢蠢欲动起来。他们会为了获取更大的利益，收回自己的付出，而不去顾及自己此举将给别人带去什么损失。

醉心戏剧的一位商人，不顾亲朋好友的反对，毅然选择了一处并不热闹的地区，兴建了一所超水准的剧场。奇迹出现了，剧场开幕之后，附近的餐馆一家接一家地开，百货商店和咖啡厅也纷纷跟进。没过几年，那个地区竟然发展得非常繁荣，剧场的上座率更是奇高。

“看看我们的邻居，一小块儿地，盖栋楼就能收回那么多租金，而你用这么大的地，却只有一点儿剧场收入，岂不是太吃亏了吗？”妻子对他抱怨，“我们何不将剧场改建为商业大厦，也做餐饮百货，分租出去，单单租金就比剧场的收入多几倍！”

商人想想确实如此,就草草结束了剧场,贷得巨款,改建商业大楼。

怎料楼还没有竣工，邻近的餐饮百货店就纷纷迁走了，房价下跌,往日的繁华又不见了。更可怕的是,当他与邻居相遇时,人们不但不像以前那样对他热情奉承，反而露出仇视的眼光。商人终于想通了，是他的剧场为附近带来了繁荣，也是繁荣改变了他的价值观，更由于他的改变，又使当地失去了繁荣。

大家处在同一个商业圈里，是相依相存的，不要只看到别人从自己这里获得利益，还要看到别人的繁荣也推动了自己的事业向前发展。商人夫妇看不到这一点，武断地打破了这种既定格局，最终落得个“鸡飞蛋打”的结局。

众所周知，温州人素来以“生意经”著称，他们的精明程度令很多其他地方的生意人望尘莫及。但是这一被世人称为“中国的犹太人”的群体信奉的却是“有钱大家一起赚”的信条。他们认为，只管自己捞钱，不让别人赚钱的生意人不是好生意人，也绝对不会得到真正的朋友。因为在商业社会，做生意总是要有伙伴、帮手、朋友，你照顾了别人的利益，别人才会反过来帮助你。

生意场上讲究双赢、共赢，与人交往也是一样，只想索取不想付出的人，不会得到持久的友谊，他的自私自利或许会得逞一时，可是一旦大家发现了他的真面目以后，就会断绝了与他的交往，让他陷入孤家寡人的境地。

顿悟舍得：

只管自己捞钱，不让别人赚钱的生意人不是好生意人，也绝对不会得到真正的朋友。因为在商业社会，做生意总是要有伙伴、帮手、朋友，你照顾了别人的利益，别人也才会反过来帮助你。

8. 目光远大的人，站得高，看得远

在现实生活中，狭隘的人总是只顾眼前的小利，他们生活在自己设置的狭小冷漠的世界里，处处以自我利益为核心，不懂得宽容、理解、体贴、关心别人。他们同时也是目光短浅的人，“坐井观天”“井底之蛙”是这些人的代名词。

有位哲人说过：“远大的目光犹如黑夜里的一盏明灯，指引前方的道路。”只有具有长远的眼光，事业才会健康地发展；只顾眼前，只会让小利影响到自己事业的发展。有成就的商人必定不会为眼前的蝇头小利斤斤计较，而是运用自己的智慧，参透复杂表象后的经济本质，从而更迅速地捕捉到未来无限的商机。

我们都知道，在商界奇人李嘉诚的经商理念中，从不计较眼前之利，而是把目光聚焦在长远的利益上。这样的经商理念使他有机会与无数财团进行良好的合作经营，收购了一个又一个公司，发展了一个又一个企业，自己的财源也随之滚滚而来。

年轻时的李嘉诚已经具备了目光远大的特质。他 13 岁给人当小伙计，一直干到 22 岁，在这漫长的 9 年受雇于人的生涯中，李嘉诚心怀大志，并且一直梦想着自己要创一番事业。1950 年，李嘉诚用自己艰苦积累下来的几千元自办塑胶厂，专门生产塑胶玩具和塑胶家庭用品。由于 20 世纪 50 年代塑胶制品属于新

兴产品，优点多，大有取代木制品和金属制品之势，李嘉诚旗开得胜，生意十分兴隆。

无独有偶。威尔逊在创业之初，全部家当只有一台分期付款赊来的爆米花机，价值50美元。第二次世界大战结束后，威尔逊做生意赚了点钱，便决定从事地皮生意。如果说这是威尔逊的成功目标，那么，这一目标的确定，就是基于他对自己的市场需求预测充满信心。

当时，在美国从事地皮生意的人并不多，因为战后人们一般都比较穷，买地皮修房子、建商店、盖厂房的人很少，地皮的价格也很低。当亲朋好友听说威尔逊要做地皮生意，都异口同声地反对。而威尔逊却坚持己见，他认为虽然连年的战争使美国的经济很不景气，但美国是战胜国，它的经济会很快进入大发展时期。到那时买地皮的人一定会增多，地皮的价格会暴涨。

于是，威尔逊用手头的全部资金再加一部分贷款在市郊买下了很大的一片荒地。这片土地由于地势低洼，不适宜耕种，所以很少有人问津。可是威尔逊亲自观察了以后，还是决定买下了这片荒地。他的预测是，美国经济会很快繁荣，城市人口会日益增多，市区将会不断扩大，必然向郊区延伸。在不远的将来，这片土地一定会变成黄金地段。

后来的事实正如威尔逊所料。不出3年，城市人口剧增，市区迅速发展，大马路一直修到威尔逊买的土地的边上。这时，人们才发现，这片土地周围风景宜人，是人们夏日避暑的好地方。于是，这片土地价格倍增，许多商人竞相出高价购买，但威尔逊不为眼前的利益所惑，他还有更长远的打算。后来，威尔逊在自己的这片土地上盖起了一座汽车旅馆，命名为“假日旅馆”。由于它的地理位置好，舒适方便，开业后，顾客盈门，生意非常兴隆。从此以后，威尔逊的生意越做越大，他的假日旅馆逐步遍及世界各地。

从李嘉诚和威尔逊的成功案例中，我们可以受到启发，一个人要想成为成功路上百战百胜的勇者，那么远见就是最好的武器。正如凯瑟琳·罗甘所说：“远见告诉我们可能会得到什么东西。远见召唤我们去行动。”目光远大的人，站得高，看得远，他们往往能在人生的道路上获得辉煌的成就。

顿悟舍得：

只有具有长远的眼光，事业才会健康地发展；只顾眼前，只会让小利影响到自己事业的发展。有成就的商人必定不会为眼前的蝇头小利斤斤计较，而是运用自己的智慧，参透复杂表象后的经济本质，从而更迅速地捕捉到未来无限的商机。

卷二

时时拿得起，处处放得下

在这个世界上，为什么有人活得轻松，有人活得累？因为前者拿得起，放得下；后者拿得起，放不下。不舍哪里得？不放如何拿？生活告诉我们，你不可能什么都得到，必须学会放下，放下不舍得放下的拥有，放下难以放下的伤痛，如此，你才能走向崭新的未来。

1. 只有学会放弃，才有力量走更远的路

人的一生就如一段旅程，我们要坚持向前走，还要及时倒出“鞋子”中的“沙粒”，以便更轻松地前行。倒出这些“沙粒”其实就是放弃生活中沉重的负累，这一点说起来容易，做起来却很难，它需要智慧，更需要勇气！

有一个年轻人想在所有方面都比别人强，尤其想成为一名大学问家。但是，许多年过去了，他的其他方面都不错，只有学业没有太大的长进。他很苦恼，就去向一位大师求教。听完他的倾诉，大师说：“我们登山，到山顶你就知道为什么了。”

那座山有许多晶莹的小石头，很是迷人。每当见到喜欢的石头，大师就让年轻人装进袋子里背着。很快，他就吃不消了。望望山顶，还遥不可及呢。他停下脚步疑惑地望着大师说：“大师，为什么让我背这个？再背，别说到山顶，恐怕连动也不能动了。”大师微微一笑，说：“为何不放下呢？背着石头咋能登山？”年轻人愕然，愉快地向大师道谢后便下山了。从此以后，他一心做学问，进步飞快……

生命如舟，载不动太多的物欲和虚荣，要想使之不在中途搁浅或沉没，就必须轻载，只取需要的东西，把那些应该放下的果断地放下。敢于放弃，乐于放弃，对束缚自己的背包进行彻底清理，你才可以轻松地走自己的路，人生的旅行才会从此

更加愉快，你方可以登得高行得远，看到更多更美的人生风景。

必要的放弃不是怯懦的退缩，而正是一种清醒的认知。没有这样那样的放弃，又怎会享受生命的多彩美丽？不放弃过去，就是放弃永远！像一条已经走到尽头的路，必须重新寻求另外的路口。这个选择无论怎样艰苦与迷惘，都会收获意外的绚烂。只要平静一下浮躁的心境，去缓解、去尝试，终会感受卸下负担后的轻松与快乐。谁能说那不是对自己的慈悲！放弃应该是绿色的，它暗含着盎然的生机。有这样一个关于放下的故事：

一天早上，年轻的妈妈正在厨房清洗碗碟。她4岁的孩子在沙发上玩耍。

不久，妈妈听到孩子的啼哭声。妈妈来不及将手抹干，就冲向客厅看看孩子发生了什么事。

孩子仍坐在沙发上，他的手却插进了放在茶几上的花樽里。花樽是上窄下阔，他的手伸了进去，却拿不出来。妈妈用尽各种办法，都不能把孩子的手从花樽里拿出来。

只有一个办法，就是把花樽打碎。可是她有些犹豫，因为这个花樽不是普通的花樽，而是一件价值连城的古董。不过，为了儿子的手能够拔出，她忍痛将花樽打破了。

虽然损失不菲，但儿子没出事，妈妈也就不太计较了。她叫儿子将手伸给她看看有没有受伤。虽然孩子没有一点儿皮外伤，但他的拳头还是紧握着无法张开。是不是抽筋了？妈妈又开始惊慌失措起来。

小孩子的手不是抽筋，他的拳头不能张开，是因为他紧握着一枚硬币。就为了拿这一枚硬币，孩子把手卡在花樽的口内。手抽不回来，不是因为花樽的口太窄，而是因为他自己不肯放手。

不懂得放弃的人，往往会因一粒芝麻错失了西瓜。而有智慧的人却懂得勇敢地放弃。他们能审时度势，当机立断，放弃无法实现的空虚梦幻，以免徒劳无益。放弃需要的是清新的洒脱与从容，而非悲戚与痛苦的彷徨。如果已发现了失败的端倪，即使奋斗了旷久的时日，也要迷途知返才能柳暗花明。放弃是一种痛苦的终结，即使结局不那么完美，你也能学会一种隐藏的果断与睿智。

放弃是一门学问、一种艺术。人生之中贵在放弃，能够拿起来，就该放得下，懂得放弃的人才会拥有更多。快乐的人放弃痛苦，高尚的人放弃庸俗，纯洁的人放弃污浊，善良的人放弃邪恶。放弃痛苦，快乐的人会更快乐：放弃庸俗，高尚的人会更高尚；放弃污浊，纯洁的人会更纯洁；放弃邪恶，善良的人会更善良。聪明的人勇于放弃，高明的人乐于放弃，精明的人善于放弃。正如一则广告词说的那样，“舍清溪之幽，得江海之博”，“有舍才有得，小舍小得，大舍大得”。取舍之间，才显现出人生的大气，生活的真味。

人一生中需要放弃的也太多，放弃不能承受之重，放弃心灵桎梏。该放弃时就要放弃，放弃是一种超越、一种生存智慧。只有放弃才能成就选择。不懂放弃就会背负沉重压力，长期被痛苦困扰；懂得放弃可以让你避免许多挫折，生活更顺利。纷繁复杂的社会现实需要我们保持清醒的头脑，更直观、更理性地认识自己，认识社会，在漫长的人生旅程中正确选择。适时放弃，这样才能把握好自己的命运，早日实现成功。

学会并敢于放弃，不要为一点儿利益而斤斤计较。不要怕选择错误，因为错误常常是正确的先导，它教我们逐渐学会放弃。未来是未知的，只有学会放弃，清空行囊，才能有力量走更远的路，欣赏更多美丽的人生风景！

顿悟舍得：

生命如舟，载不动太多的物欲和虚荣，要想使之不在中途搁浅或沉没，就必须轻载，只取需要的东西，把那些应该放下的果断地放下。敢于放弃，乐于放弃，对束缚自己的背包进行彻底清理，你才可以轻松地走自己的路。

2. 放不下身段，常会让自己无路可走

对于每一个刚走入社会的年轻人来说，要成就一番事业，并不一定一开始就得从事“高人一等”的职业。纵观那些有所成就的人的经历，更多的人都是经历了别人眼中所谓“低人一等”的工作，积累了经验，增长了阅历，才取得最后的成功的。甚至有人就在那些所谓“低人一等”的职业中干出了成绩。

有一位大学生，在校时成绩很好，大家对他的期望也很高，认为他必将有一番了不起的成就。

他是有成就，但不是在政府机关或在大公司里有成就，而是卖蚵仔面线卖出了成就。

原来他是在毕业后不久，得知家乡附近的夜市有一个摊子要转让，那时他还没找到工作，就向家人借钱，把它买了下来。因为他对烹饪很有兴趣，便自己当老板，卖起蚵仔面线来。他的大学生身份曾招来很多不以为然的眼光，但也为他招来不少生意。他自己倒从未对自己学非所用及高学低用产生过怀疑。

现在，他还在卖蚵仔面线，但也搞投资，钱赚得比一般人不知多多少倍。

“要放下身段。”这是那位大学生的口头禅和座右铭。“放下身段，路会越走越宽。”那位同学如果不去卖蚵仔面线或许也会很有成就，但无论如何，他能放下大学生的身段，还是很

令人佩服的。这里并不是说放下身段就非得去做类似的事情不可，但在必要的时候，实在也应有这样的勇气。

人的“身段”是一种“自我认同”，并不是什么不好的事。但这种“自我认同”也是一种“自我限制”，也就是说“因为我是这种人，所以我不能去做那种事”。而自我认同越强的人，自我限制也越厉害，千金小姐不愿意和普通女同桌吃饭，博士不愿意当基层业务员，高级主管不愿意主动去找下级职员，知识分子不愿意去做“不用知识”的工作……他们认为，如果那样做，就有损他们的身份。

其实这种“身段”只会让路越走越窄，并不是说有“身段”的人就不能有得意的人生，但是，在非常时刻，如果还放不下身段，那么就会让自己无路可走。

你如果想在社会上走出一条路来，那么就要放下身段，也就是：放下你的学历、放下你的家庭背景、放下你的身份，让自己回归到“普通人中”。同时，也不要在乎别人的眼光和批评，做你认为值得做的事，走你认为值得走的路。

有一位留学美国的计算机博士，毕业后在美国找工作，结果接连碰壁。好单位没人要，坏的单位又放不下面子，结果许多家公司都将这位博士拒之门外。这样高的学历，这样吃香的专业，为什么找不到一份工作呢？

万般无奈之下，这位博士决定不在乎面子，换一种方法试试。

他收起了所有的学历证明，以一种最低的身份再去求职。不久他就被一家电脑公司录用，做一名最基层的程序录入员。这是一份稍有学历的人都不愿去干的工作，而这位博士却干得兢兢业业、一丝不苟。没过多久，上司就发现了他的出众才华：他居然能看出程序中的错误，这绝非一般录入人员所能比的。这时他亮出了自己的学历证书，老板于是给他调换了一个与本科毕业生对口的工作。过了一段时间，老板发现他在新的岗位上游刃有余，还能提出不少有价值的建议，这比一般大学生高明，这时他才亮出自己的硕士身份，老板又提升了他。

有了前两次的经验，老板也注意观察他，发现他还是比硕士有水平，对专业知识的广度与深度都非常人可比，就再次找他谈话。这时他拿出博士学位证明，并叙述了自己这样做的原因。此时老板才恍然大悟，毫不犹豫地重用了他，因为老板对他的学识、能力及敬业精神早已全面了解了。

这个博士是聪明的，碰了几次钉子后，他放下身份与架子，不在乎博士的面子，甚至让别人看低自己，然后在实际工作中一次次地展现自己的才华，让别人一次次地对自己刮目相看，他的形象就逐渐高大起来。许多年轻人初入社会时，往往把自己的一堆头衔、底牌全部亮出来，夸耀自己，结果或者让别人反感，难以与人合作，或者招来很高的期望值却让人失望，稍有失误便不好翻身。倒不如放下身段，低姿态走入社会，反而会收获意想不到的成功。为何会如此呢？那是因为放下身段比放不下身段的人在竞争上多了几个优势：

能放下身段的人，思考富有高度的弹性，不会有刻板的观念，而能吸收各种资讯，形成一个庞大而多样的资讯库，这将是他的本钱。

能放下身段的人能比别人早一步抓到好机会，也能比别人抓到更多的机会，因为他没有身段的顾虑。

所以，即便你的水平再高，即便你的能力再强，即便你的头衔再多，只有放下你的“身段”才可能真正地提高你的“身价”。

顿悟舍得：

你如果想在社会上走出一条路来，那么就要放下身段，也就是：放下你的学历、放下你的家庭背景、放下你的身份，让自己回归到“普通人中”。同时，也不要在乎别人的眼光和批评，做你认为值得做的事，走你认为值得走的路。

3. 拿不起放不下，这样的人最容易心理失衡

在现实生活中，经常听到一些人发出这样的抱怨和叹息："唉，活得真累。"说这话的人当中除了少数确实是因生活劳累而感到身体疲乏以外，绝大多数是心理上"活得累"的缘故。他们或是因儿女和家庭的琐事而操心过多；或是因受到上级错误的批评或同事的误解而感到工作不顺心；或是因心胸狭窄、妒忌他人而自寻烦恼。如今，社会生活的快节奏，也会使得许多人感到不适应，心理负担过重，产生"活得累"的感觉。

从现代心理学的观点来看，有"活得累"想法的人，大多数得的是"心病"，他们总是对一些事情太过在意，不能拿得起放得下，以致心理失去平衡或发生了障碍。有句俗话说："心病还须心药治。"那些喊"活得累"的人，应该认真分析一下自己究竟累在什么地方，并切切实实地对症下药。这样，才能使自己从"活得累"中解脱出来，从而使自己生活得充实、快乐。

给"活得累"开的药方是 4 个字，即"修身养性"。具体来说，就是面对困难和挫折鼓起勇气，树立信心；要努力寻找自己在生活中的恰当位置，脚踏实地地为社会、为他人干点事，以充实自己；遇事要拿得起，放得下，没有必要为一些个人和家庭小事斤斤计较。至于由于对目前竞争的社会环境及生活的

快节奏不适应，感到“活得累”的人，就应当在锻炼身心、磨炼意志上多下功夫，以增强心理的适应能力。

另外，当你在生活中遇到特别不顺心的事情，甚至遭到重大的挫折或打击时，不妨找好朋友谈谈心，把自己的苦恼、忧伤发泄出来。心理学研究发现，人的心理机能有自我调节修复的功能。一个人如果能把内心的烦恼或痛苦诉说出来，即使别人实际帮不了什么忙，也能使他的烦恼或痛苦在一定程度上得到缓解。有些人不愿意向别人诉苦，宁愿“打落门牙往肚里吞”，强忍“活得累”的苦恼，这只会使事情变得更糟。

心理学研究还发现，哭也是人类常用来排遣悲伤和苦恼的自然方法。在悲伤时人们常常会哭，妇女和儿童更是如此。哭不是什么坏事情，哭有时也有助于缓解由悲伤、苦恼等情绪状态而引起的心理反应。而一些“有泪不轻弹”的男子汉，在伤痛打击下往往容易得病。所以，从这一角度说，遇事不必硬充“好汉”，有时，倒不如让自己痛痛快快地大哭一场好些。

当然，对于那些确实是操劳过度的人，还是应当注意劳逸结合和量力而行，适当减轻自己在生活上或工作上的负担。因为只有有了健康的身体，才能精力充沛地参与社会竞争。

“修身养性”的根本目的，是要确立自信。

人本来应该是个“欢乐的表现体”，所以，要时时处处保持“最棒”的良好状态。首先，从内心深处保持欢乐的最佳状态，这是至关重要的。人生不过百十年，说起来很长，但实际上过起来也很快。与整个的历史长河相比，那就更是转眼即逝的短暂一瞬。因此，凡事都要大气一点儿，要拿得起放得下，要注意忘却不快，更不能自寻烦恼让自己“活得累”。

顿悟舍得：

给“活得累”开的药方是4个字，即“修身养性”。具体来说，就是面对困难和挫折鼓起勇气，树立信心；要努力寻找自己在生活中的恰当位置，脚踏实地地为社会、为他人干点儿事，以充实自己；遇事要拿得起，放得下，没有必要为一些个人和家庭小事斤斤计较。

4. 舍得下小面子，日后才有大收获

在中国，面子是个大问题，人们常说，人要脸，树要皮。自古以来，中国就是重农轻商的。古代的四大行业，所谓“士农工商，四民有业”，商业是排在最后的。司马迁作《史记》，将为商贾立传的《货殖列传》排到全书的最后。在司马迁的思想里，商贾的地位，连从事看相、算卦的都不如。

所以，有的人开始创业时，因为耻于与“商人”联系在一起，就掩饰说自己做生意是为了创一番事业。但真正的商人毫不掩饰自己的目的，理直气壮地说是为了赚钱！威力打火机有限公司老板徐勇水面对“你创业成功的动力是什么”的提问时，他的回答是：“就是为了赚钱，过上好日子。”

正是因为这类商人脸皮“厚”，才能赚到别人赚不到的钱。他们认为职业没有高低贵贱之分，加上他们敢为天下先的胆识，决定了他们敢四处闯荡，占据了外地人不屑一顾的那些领域，不声不响地富了起来。

当年在街上摆摊，依靠擦鞋度日的小擦鞋匠，如今已成为台湾制鞋业的领导品牌之一“阿瘦皮鞋”的创始人兼董事长罗水木。已到古稀之年的他笑着回忆：“年轻时我长得瘦小，体重不到 50 公斤，街坊都叫我‘阿瘦’，既亲切又贴切。”

20 世纪 50 年代还是一个很多人穿不起皮鞋的年代，擦鞋

可谓“金字塔顶端的五星级服务”。但是在台北市延平北路二段“东云阁”大酒家楼下已形成了一条“人龙”，在“金融一条街”工作的上班族，正排队等候名声响亮的“阿瘦仔”擦鞋，尽管“阿瘦仔”擦一双鞋的价格比吃一顿正餐还贵。只见在“人龙”的最前端，身手利索的“阿瘦仔”拿着猪毛刷和擦鞋布，飞快地给客人的皮鞋上油、擦亮、磨光，同样的程序毫不马虎地坚持五轮，才算大功告成。

“阿瘦仔”擦鞋摊附近，擦鞋摊、擦鞋店林立，但要想找到“擦五遍，亮五天”的擦鞋师傅，除了“阿瘦仔”，可说是“别无分号”。“擦鞋找阿瘦”的口号不胫而走。

“我绝对不会因为客人多，为了抢时间而减少一道工序。”罗水木骄傲地说，“客人的眼睛是雪亮的，即使能骗得了一时，客人也终究会发现。”从 10 岁起就辍学的他，头脑中有一种模糊的“品牌观念”——“阿瘦仔”的招牌，沾不得一点儿灰尘。

创业路上不乏艰难险阻，即使是擦皮鞋，罗水木也全心投入，终于获得了顾客的信任，从台湾街头一个不起眼的小擦鞋摊，到年营业额超过 30 亿元新台币（约合 6.8 亿元人民币）的“龙头企业”。

在成功商人看来，面子不值几个钱，能赚大钱才算有面子，这是成功商人独特的“面子观”。在他们的观念中，如果你想在社会上走出一条路来，那么就要放下身份和面子，让自己回归到“普通人”。同时，也不要在乎别人的眼光和批评，做你认为值得做的事，走你认为值得走的路。

俗话说：“可怜之人必有可恨之处。”那些宁愿吃“低保”，也要保住面子而不愿努力打拼挣钱的人，是最让人瞧不起的。

成功商人当初不也一贫如洗吗？但他们能丢掉面子，顶着压力努力赚钱，“自救者得天救”，成功商人能赚钱而且赚了钱就在情理之中了。

顿悟舍得：

放下面子更易获得成功，因为舍弃面子的人，他的思考富有高度的弹性，不会有刻板的观念，而能吸收各种资讯，形成一个庞大而多样的资讯库，这将是他的本钱；舍弃面子的人能比别人早一步抓到好机会，也能比别人抓到更多的机会，因为他没有面子的顾虑。

5. 人生哪可常胜，你要学会认输

在人生的战场上没有常胜将军，谁都会有败下阵来的时候。那么，学会认输就是非常值得研究的一课了。学会认输并不意味着软弱，也并不意味着从此就得以失败者的面目示人，相反，懂得认输的人却具备了非凡的人生智慧，而这样的人必然是大气的人。只有懂得舍得之奥秘的人，才知道学会认输的意义所在，懂得认输并不是一件丢人的事，明白认输后自己该怎样走好今后的路。

那么，学会认输到底是什么？一个人如果听惯了这些词：百折不回、坚定不移、前仆后继、永不言悔……那么，他可能不敢去认输，而这样的人更应该学会认输。

学会认输，就是知道自己在摸到一张臭牌时，不要再希望这一盘是赢家。只有傻子才在手气不好的时候，对自己手上的一把臭牌说，咱们只要努力就一定会胜利。当然，在牌场上，大多数人在摸到一张臭牌时会对自己说，这一盘输定了，别管它了，抽口烟歇口气，下回再来。可在实际生活中，像打牌时一样明智的人，却少之又少。想想看，你手上是不是正捏着一张，舍不得丢掉？

学会认输，就是在陷进泥塘里的时候，知道及时爬起来，远远地离开那个泥塘。有人说，这个谁不会呀！不会的人多了。

那个泥塘也许是个不适合自己的公司，也许是一堆被套牢的股票，也许是个“三角”或“多角”恋爱，也许是个难以实现的梦……

生活中不同的人在这样的泥塘里是怎样想的？他们会想，让人家看见我爬出来一身污泥多难为情呀；会想，也许这个泥塘是个宝坑呢；还会想，泥塘就泥塘，我认了，只要我不说，没人知道！甚至会想，就是泥塘也没关系，我是一朵荷花，亭亭玉立，可以出污泥而不染……

学会认输，就是在被狗咬了一口时，不去下决心也要咬狗一口；就是在被蚊子咬了一口以后，不气呼呼地非要抓住“元凶”不可……

也许有人会说，这有什么不懂，谁也不是傻子。

不过在现实生活中，被另一类狗咬以后，很难做到不去跟狗较劲。至少我们常见到这样的人，他不承认现实中有“蚊子”和“走狗”，他永远在抱怨蚊子的可耻和狗的卑鄙，到处寻找报复“小人”的契机。

学会认输，就是上错了公共汽车时，及时地下车，另外坐一辆车。

这也好懂，只是人们这样的行为，一旦不是在公共汽车上出现，自己就不太愿意下车了。比方说，如果是一桩婚姻，一个写了一半的剧本，一项正在从事的发明，难！于是就努力向售票员证明是他的错，是他没有阻止自己登上汽车；努力说服司机改变行车路线，教育他跟着自己的正确路线前进；下决心消灭这辆汽车，因为消灭一个错误也是件伟大的事业；甚至坚持坐到底，因为在999次失败后也许就是最后的成功。

人生道路上，我们常常被高昂而光彩的语言弄昏了头，以不屈不挠、百折不回的精神坚持死不认输，从而输掉了自己！学会认输应该是最基本的生活常识，臭牌教过我们，泥塘教过我们，蚊子和狗也教过我们，只是我们一离开这些老师，就不愿从上错了的车上走下来。

记住：该认输时就认输，该撒手时就撒手，该前进时就前进，该后退时就后退。

天外有天，山外有山，强中还有强中手！谁也不可能永远保持胜利者的地位，只有学会认输才能不输不败！

顿悟舍得：

只有懂得舍得之奥秘的人，才知道学会认输的意义所在，懂得认输并不是一件丢人的事，明白认输后自己该怎样走好今后的路。

6. 放下包袱也许会拥有另一种情怀

如《好了歌》所言，人们都晓神仙好，就是财富、功名、生命、子女、娇妻等等忘不了。

财富、功名、生命等等，终归于无。

亿万身家，亦不过日食三餐，夜眠六尺，最终也难免水火官盗并逆子五子分金，顿化乌有。智者有言，子孙胜于我，要钱干什么？子孙不如我，要钱干什么？

功名之恋，更是无味。古来王侯将相万万千千，如今无不荒冢一堆、默默于野。孜孜以求，若为民造福、建功立业，当予肯定；若为窃位谋私，现实之报在于牢狱，未来之报重在无间、祸及子孙。

贪生怕死，人之本性？然，人生不过百年，贪生生不住，怕死死照来。此身皮囊，不过人之衣衫，成住坏空，生老病死，终将一死。贪生何趣，怕死无益。平常以对，自在逍遥。

人家的短长，是人家之事，与你何干？他脸上有污，洗不洗，他自己决定，你老放在心上，岂不累倒？即便与人家有恩怨是非，亦当放下；让他三尺，地阔天宽！

对于上述之理，世人未必不知，就是知而不悔，就是一个——放不下！

大众当知，一切皆是空，万缘当放下。

放下是智慧的选择。俗语云，葫芦挂在墙上好好的，挂到颈上干什么？要明白，抱着太累，背着受罪，担着吃亏，放下真美！

放下是彻底的解脱。搁下手上的，抖出怀中的，卸掉背部的，除去肩头的，涤净心间的，轻轻松松，快乐如仙！

放下是本性的提升。万缘放下，光明照耀，本性如华！少了无谓的贪欲，去了无味的争夺，没了无聊的纠葛，断了无耻的根由，尘埃涤净，本性归来，境界顿转，极乐现前，何其妙哉！

放下是进步的开端。轻装上阵，战无不胜，攻无不克；无欲无求，进步之始，成贤之本，成圣之基。

让一切随缘吧！不要让自己负累，放下包袱也许会拥有另一种情怀，无需这么贪婪，无需刻意把握，给自己一片静寂的天空，把情感汇入流沙放归大自然，让心语划过星空把伤感带走。放一首轻快的音乐洗涤心灵的尘埃，放下忧郁，放弃心仪却又无缘的人，放弃一段情，不爱就散了吧！何必给自己套上沉重的心灵枷锁。夕阳西下还有再升时，风雨过后总有彩虹再现。学会珍藏昨天，希冀未来。给自己一片自由的空间，开启另一扇心门，留无奈于天际，把悲伤放逐，让叹息随风，欣赏属于自己的亮丽风景。

顿悟舍得：

放下是智慧的选择。俗语云，葫芦挂在墙上好好的，挂到颈上干什么？要明白，抱着太累，背着受罪，担着吃亏，放下真美！

7. 输赢成败在所难免，你要学会摆正心态

乡村有一对清贫的老夫妇，有一天他们想把家中唯一值点儿钱的一匹马拉到市场上去换点更有用的东西。老头子牵着马去赶集了，他先与人换得一头母牛，又用母牛去换了一只羊，再用羊换来一只肥鹅，又把鹅换了母鸡，最后用母鸡换了别人的一口袋烂苹果。在每次交换中，他都想给老伴一个惊喜。

当他扛着大袋子来到一家小酒店歇息时，遇上两个英国人。闲聊中他谈了自己赶集的经过。两个英国人听后哈哈大笑，说他回去准得挨老婆子一顿揍。老头子坚持称绝对不会，英国人就用一袋金币打赌，3 个人于是一起来到老头子家中。

老太婆见老头子回来了，非常高兴，她兴奋地听着老头子讲赶集的经过。每听老头子讲到用一种东西换了另一种东西时，她都充满了对老头子的钦佩。她嘴里不时地说着：“哦，我们有牛奶了！”“羊奶也同样好喝。”“哦，鹅毛多漂亮！”“哦，我们有鸡蛋吃了！”

最后听到老头子背回一袋已经开始腐烂的苹果时，她同样不愠不恼，大声说：“我们今晚就可以吃到苹果馅饼了！”

结果，英国人输掉了一袋金币。

从这个故事中我们可以领悟到：不要为失去的一匹马而惋惜或埋怨生活，既然有一袋烂苹果，就做一些苹果馅饼好了。

这样生活才能妙趣横生，这样，你才可能获得意外的收获。

我们的心灵有着太多的负重，有得到就会有失去。然而，倘若你紧紧抓住失去不放，得到就永远也不会到来。放下失败，抓住成功，就可以让生命重放光彩。而这一切，需要你有一颗淡泊名利得失、笑看输赢成败之心。个性乐观的人对得失看得很淡，他们认为“得”是劳作的结果，无论劳心劳力，“得”都是心愿的实施，了得了心愿，却难免会失去追求。得到功名利禄的时候，满心喜悦，但同时也失落了沉思与警醒；得到虚荣的时候，灵魂却在贬值；失去最爱的时候，便得到了永恒的寄托；失去依赖的时候，便得到了人生必备的磨砺；失去憧憬的时候，便得到了现实的选择。

人生就是一场游戏，有时你会赢，有时则会输。你应该训练自己掌握游戏的规则，这样你就会尽可能多地在游戏中获胜。两个工程师合作承担了一个研究项目，在项目即将完成时，做了一次试验，结果出乎意料地失败了，他们从中发现了一些以前未曾预见的问题。面对困难与挫折，一位工程师陷入了深深的自责之中，甚至怀疑自己是否还有完成研究项目的能力，而另一位工程师却为此感到欣慰：幸好现在及时发现了问题，这样可以在这个项目投入实际运作时避免许多错误。

毫无疑问，只有抱着积极的心态，才能使你有勇气迎战突如其来的挫折，不被挫折所击垮。也只有这样，你才能从挫折中获取有益的经验和教训，继续走上成功的道路。

顿悟舍得：

对得与失的认知，看似平淡，却折射出一种对人生使命的思考，以及对物质和精神关系的透彻理解。人的一生，就是得与失互相交织的一生。得中有失，失中有得，有所失才能有所得。一个人为了实现人生目标，体现人生价值，暂时放弃一些物质上的享受，去追求让更多的人过上舒适幸福的生活，这种精神不仅让人尊敬，而且那种目标达成后的精神愉悦是一般人所体验不到的，是超越物质的更高层次的精神满足和享受。

8. 忘记失败的痛苦，发现失败的价值

失败有多可怕？怕到你必须让它来折磨自己，你才不会忘记失败的痛苦吗？很多人谈失败色变，或者一直背负着失败的阴影无法正常地面对未来，这些人无疑是真正的失败者，这样的人也是无可救药的。人生难免遇到困境，难免失败，但聪明人不会将失败时时挂心，长存于恐惧之中。他们会忘记失败的痛苦，发现失败的价值，利用失败，为下次成功做准备。

曾经听过这样一个故事，古罗马的一位将军被埃及人打败了，逃回了罗马。皇帝不但没有处死他，反而再次给他一支大军，让他继续出征。朝中的大臣纷纷表示反对，认为不能信任他。皇帝问："为什么不能信任他？""因为他失败过。""这正是我相信他的原因。"皇帝说。不久，捷报从前方传来。

失败，未必是一件坏事，它可以让你吸取教训，以至于在同样的问题面前不犯同样的错误，可以让你掌握本领，让你以最快的速度取得更多的成功。

敢于面对成功的，不一定是英雄，但不敢于面对失败的，必定是一个对时间流逝长叹的懦夫。但是面对失败，需要有非凡的勇气。只有面对失败，才能找到失败的原因，吸取上次失败的教训，努力走向成功。总之，一个敢于面对失败的人，其

实已向成功走了一大半的路。

因为学习上有了挫折与失败，才会懂得如何奋力地撑着那只在逆水中行驶的独木舟，懂得蔑视骄傲，珍重谦逊，懂得在谷底再次站起来去迎接更多的挑战。

因为生活上有了挫折与失败，我们才能真正感悟到成功不是永远的，只有屡败屡战、锲而不舍才会获得每一次的成功。应该以冲破逆境时那股干劲和力量作为生活的原动力，感激身边亲人给予的关爱。

因为人生有了挫折与失败，我们才学会了戒骄戒躁、精益求精，也学会了珍惜生活中自己所拥有的每一份爱，造就更坚强的自我，在悲欢离合交融的世界里给自己留下一片空间，反省自身，再创奇迹。

要感谢挫折与失败。若不是它们，我们或许会被一切成功的喜悦冲昏了头脑而不思进取，也或许会永远地忽视了爱的伟大，令人生的太阳被遮挡在密布的烟云之后。

有这样一段话："感激伤害你的人，因为他磨炼了你的心志；感激绊倒你的人，因为他强化了你的双腿；感激欺骗你的人，因为他增进了你的智慧；感激蔑视你的人，因为他唤醒了你的自尊；感激遗弃你的人，因为他教会了你该独立。"

一个障碍，就是一个新的已知条件，只要愿意，任何一个障碍都会成为一个超越自我的契机。

顿悟舍得：

在人生的路上，无论我们走得多么顺利，但只要稍微遇上一些不顺心的事，就会习惯性地抱怨老天亏待我们，进而祈求老天赐给我们更多的力量，帮助我们渡过难关。但实际上，老天是最公平的，每个困境都有其存在的正面价值。既然失败是不可避免的，我们还不如用一颗感恩的心坦然接受每一次失败、每一个逆境，并把失败的教训变成成功的经验。

9. 大气地放下过去的不如意

遇到挫折和失败是在所难免的。不可否认，每个人遇到挫折都会难以避免地产生焦虑、烦躁、懊悔等种种不安的情绪，但也有人对自己的失败坦然一笑，然后继续工作，我们不得不说，这种大气真的很难得。一味地沉浸于消极情绪中，无疑是有害的。而大气的人在遇到挫折或失败时，知道生活的重点是什么，他们会把注意力放在解决问题上，这样的人才会远离生活的烦恼，得到命运的垂青。

温斯顿·丘吉尔说：“成功，是一种从一个失败走到另一个失败，却能够始终不丧失信心的能力。成功是一位贫乏的教师，它能教给你的东西很少。我们在犯错而招致失败的时候，学到的东西最多。因此，不要害怕错误和失败，失败是成功之母。没有失败，你不可能成功。那些不成功的人是永远没有失败过的人。”

而生活中经常有这样一些人，他们面对失败不能自拔，他们的头脑中充满了消极，充满了那些让人悲伤、痛苦和感到耻辱的事情，以至于得不到一刻的平静和快乐。

“如果我那样做的话，事情就不会像现在这样发生了。”有些生意人想着昨天的生意，叹息道。而当他担心过去的时候，他可能又错过了今天生意上更大的机会。

“真是糟糕，我怎么可以忽视这种问题！”有些学生总是在交完考试卷后充满忧虑，担心自己不能及格，以致影响了下一阶段的学习。

其实，愿意奋斗的人，没有一帆风顺的。面对失败和挫折，古人得出了“生死有命，富贵在天”的结论。“天”是不存在的，命运就掌握在自己手里。一个人一生不可能永远幸运，也不可能永远被厄运羁绊。要相信，命运由我们自己创造，懂得了这个道理，我们除了再接再厉，别无良策。

所以，做人不妨大气一些，坦然笑对失败，鼓足勇气面对未来，不断努力，最终一定会取得成功。

有个叫安迪的人年轻时曾创办过一份励志杂志。当时，他没有足够的资本创办这份杂志，所以就和印刷工厂建立了合作伙伴关系。

然而，安迪却没有注意到自己的事业已对其他出版商构成了威胁。在他不知道的情况下，一家出版商买走了他合伙人的股份，并控制了这份杂志。安迪以一种非常屈辱的心态离开了他那份以爱为出发点的工作。

不过，尽管感到屈辱与不平，但安迪并没有沮丧，他很大气地放下了过去的不如意，反倒认真总结了自己失败的原因。他觉得，自己失败的最大原因在于忽略了以和谐精神与合伙人合作，而是常因为一些出版方面的小事和他们争吵。另外，他在业务上不够谨慎，说话也有些太武断。

生意虽然损失不小，但是，安迪却能够从这次的失败中找到等值利益的种子，而且继续培育这粒种子，以圆他人生最大的梦想。后来，他去了另一个地方，在那里又创办了一份杂志。令人意想不到的是，两年之后，这本杂志的发行量竟比以前的那本杂志多了两倍！

在人生的旅途中，如果你奋斗了、努力了、拼搏了，但你依然屡遭挫折、连栽跟头，也不用抱怨命运的不公，而是要理智地接受和承认现实，并进一步分析遭到挫折和失败的原因，进而改变现状，改变命运，这才是成功的选择。

当我们动手去做一件事情，如果认为自己永远不会失误的话，这是不切实际的。我们至少在某个方面一定会有失败之处，毕竟，失败是进取过程中的一个重要组成部分。在尝试一件新事物的时候，要坚持下来，请不要忘记下面这个取得成功的公式：

失败——再做一些努力；

失败——坚持下去，对自己宽厚些；

失败——继续干，直到成功。

下面是一位美国人的“败绩”，看完之后，你是否会觉悟点什么？ 8 岁时，被赶出居住的地方，他必须工作谋生； 21 岁时，经商失败； 22 岁时，角逐州议员落选； 24 时，向朋友借钱经商再度失败，后来花了 17 年时间才把债务还清； 26 岁时，爱侣去世； 27 岁时，精神崩溃，卧床 6 个月； 29 岁时，参加国会大选失败； 36 岁时，角逐联邦议员，再度失败； 40 岁时，寻求众议员连任，失败； 41 岁时，想担任州土地局局长被拒绝； 46 岁时，竞选国会参议员，再度失败； 47 岁时，争取副总统提名，落选；49 岁时，再度竞选国会参议员，再度失败。

这个一再失败的人，就是美国第 16 任总统林肯。他当选总统时已 52 岁。多次的失败和挫折并没有击倒他，而是终于把他推向了人生的高峰。

人一旦失败就心灰意冷、不再尝试，虽然免除了再犯错误的恐惧，担忧也随之减少，再也没有挫折、失误、失败，然而，不幸的是，他再也不能与成功牵手。

应该知道，失败实际上只不过是暂时的挫折，暂时的挫折是一种幸福，因为它会使我们振作起来，调整我们的努力方向，使我们向着不同但更美好的方向前进。

暂时的挫折，在致力于成功的人眼里，都不会成为永久的失败，而是把它当作是一种教训。事实上，在挫折中，都存在着一个持久性的教训，这种教训是无法凭挫折以外的其他方式获得的。

失败者常常感叹命运的不济，现实也确实如此。竞争机制的引入，优胜劣汰，必然要求更好的心理素质。现实中常有这样的事，一个人颇具实力，却不能在竞争中取胜，甚至一败涂地。究其原因，就是对竞争的心理准备不足造成的。进一步而言，就是害怕失败，缺乏信心。

莎士比亚说："聪明人永远不会坐在那里为他们的损失而哀叹，情愿去寻找办法来弥补他们的损失。"所以，面对失败，我们应该多一些坦然，少一些忧虑；多一些总结，少一些埋怨；多一些信心，少一些悲观；多一些坚强，少一些懦弱；多一些动力，少一些松懈；多一些微笑，少一些苦闷；多一些勇气，少一些退缩；多一些奋斗，少一些沉沦。重要的是，我们要懂得失败是正常的，是成功之母，懂得了这个道理，失败还有什么可怕的呢？

顿悟舍得：

在人生的旅途中，如果你奋斗了、努力了、拼搏了，但你依然屡遭挫折、连栽跟头，也不用抱怨命运的不公，而是要理智地接受和承认现实，并进一步分析遭到挫折和失败的原因，进而改变现状，改变命运，这才是成功的选择。

10. 放下失意，另寻一片天空

人生的航船并非是一帆风顺的，有风平浪静，也有惊涛骇浪。风平浪静时，不喜形于色；风吹浪打时，不悲观失望，我自岿然不动。只有这样，人生的大船才能顺利地驶向成功的彼岸。

月有阴晴圆缺，人生也是如此。情场失意、朋友失和、亲人反目、工作不得志……类似的事情总会不经意地纠缠我们，此时我们的情绪可能已经跌至低谷。其实，生活中的低谷就像是行走在马路上遇到的红灯一样，不妨把它看作是为了维持我们人生的某种秩序而设的，不妨利用这段时间来做个短暂的休息，放松绷紧的神经，为绿灯时更好地行走打下基础。若没有这样的红绿灯，或许某个时候，人生的道路会突然堵车，给我们一个措手不及，让我们无所适从。

古人说“人生得意须尽欢”，而人生失意时也不能停下脚步，也应该积极进取。条条大路通罗马，此路不通，不妨换条路试试，来个“情场失意工作补”。处在人生的低谷，悲观、痛苦、怨天尤人都没有用，只会让自己越陷越深。越是逆境，我们越应该保持清醒的头脑和理智，全面认识自己的优点和不足。不妨利用这个机会反省一下，重新认识自己。看到自己的优点，可以抚慰自己那颗受伤的心，让心情归于平静，重新鼓起勇气，走出低谷；发现自己的弱点与缺点，是一种进步，是一种智慧，是一种超越。

历史上许多伟人，许多有成就者，都有过失意的时候，但他们都能失意不失志，做到胜不骄，败不馁。司马迁因李陵一案而官场失意，但他没有被打垮，反而成就了他“史家之绝唱，无韵之离骚”的传世之作。蒲松龄一生梦想为官，可最终也没能如意，但他是幸运的，因为他能及时反省，能及时调转人生的航向。俗话说：“朝闻道，夕死可矣。”如果他不能及时省悟，便不会有后世留芳的《聊斋志异》问世，他的大名也不会永载史册。美国最伟大的总统林肯曾有两次经商失败、两次竞选议员失利的经历，但他最终还是得到了成功女神的垂青，成为美国历史上与华盛顿齐名的伟人。试想，如果他在经商失意时不能及时醒悟，那他可能连成功的门都摸不着。

失意并不可怕，只要及时醒悟，可能我们会从此踏上另外一条通往成功的大道。失意时最忌情绪低落，最忌破罐子破摔的思想，一定要想着做点什么帮助自己渡过难关。失意时可以先大哭一场，把失败的苦痛彻底尽快释放出来。痛苦之后必轻松，哭过以后，一定要及时反思，思考自己错在何处，如果还有挽救的余地，那就不要轻言放弃，如果实在是无药可救，自己在这一方面没有什么优势和天赋，那就到下一步：痛下决心，改弦更张，重新绘制人生的宏伟蓝图。

顿悟舍得：

朋友们，失意并不可怕，只要不失志。学会善待失意，就能走出人生的低谷，赢得属于自己的一片天空。

卷三

心灵勤拂拭，不使惹尘埃

只要我们活着，我们就无法避免烦恼、焦虑、苦闷、忧伤、紧张、愁怨，我们的心灵时刻会受到外界的影响，会因外界不如意的种种而蒙尘。其实，导致我们痛苦的敌人不是别人，正是我们自己，是我们自己常常自寻烦恼。经常清扫心灵，放下心中负重，我们就可以轻松前行。

1. 解开心中的绳结，通透地看待生活

心中的绳结，与在一条绳子上打结相似，不同的只是在内心深处打结。在人生历程中，人们会时不时在自己的内心打结，有的是“蝴蝶结”，有的是“死结”。蝴蝶结很容易解开，死结却很难解开。如果明知心中有结而不去解，那么随着时间的推移就会变成死结，而内心的一个死结会带给人生莫大的影响。在解开心结之前，你要明白心中的绳结是什么。

有一个年轻人要出远门办事，在路上他看到了一件非常有趣的事情。

正好这个时候他从一家寺院门前经过，心血来潮，想考考寺院里的禅师，便走了进去。

见到老禅师，他开口就问：“什么是团团转？”

“皆因绳未断。”老禅师应声而答。

年轻人听了以后，大吃一惊。

老禅师问：“什么事让你这样惊讶？”

“师父，我感到惊讶的是，你是怎么知道的呢？”年轻人说，“在来的路上，我看到一头牛的鼻子上穿了绳子，被拴在树上。它想离开那棵树到草场上去吃草，谁知它转来转去，就是脱不开身。我以为师父没看见，肯定答不出来，没想到你一语言中。”

老禅师微笑道：“你问的是事，我答的是理；你问的是牛

被绳缚而不得脱，我答的是心被俗务纠缠而不得解脱。一理通百事啊。”

年轻人当即大彻大悟。

在生活中，我们是不是也被一些无形的绳索紧紧缠绕呢？在心灵中，我们是不是也为一些凌乱的绳结惶惶不安呢？当你愤怒的时候，你的心里打了一个结；当你悲伤的时候，你的心里打了一个结；当你嫉妒的时候，你的心里打了一个结：当你悔恨的时候，你的心里打了一个结……任何的消极心理和不良情绪都是内心深处的一个结，如果你不能解开这个结，那么它就会成为放不下的疙瘩，郁结在心，成为心病。

人生一世，名利是绳，贪欲是绳，嫉妒是绳……当这些绳索把心灵捆绑起来，让你在其中盲目地团团转时，你不但永无解脱之日，而且还会被绊住前行的脚，得不偿失。所以，聪明的人不会过分强求什么，也不会纠缠于内心的绳结，而是狠心地解开绳结，通透地看待生活。

因为一根绳子，牛失去了整片草地；因为心中的绳结，人们失去了安宁。当你的内心郁结不安时，何不先问问自己：“我内心的绳结是什么？”舍得打开那个绳结，你的生活将豁然开朗。

顿悟舍得：

聪明的人不会过分强求什么，也不会纠缠于内心的绳结，而是狠心地解开绳结，通透地看待生活。

2. 与痛苦为伴，还是从痛苦中脱身而出

不管愿不愿意，几乎每一个人都会痛苦。所谓痛和苦，对于每个人来说都不是好滋味。然而，生活中有些人虽然明知自己沉浸于痛苦之中，却不愿意从中抽离出来，反而习惯了与痛苦为伴，就算自己被折磨得半死，还始终“爱”着痛苦。

奥地利小说家卡夫卡写过一则关于痛苦的寓言故事——

一只兀鹰猛烈地啄着村夫的双脚，将他的靴子和袜子撕成碎片后，便狠狠地啃起村夫的双脚来了。正好这时有位绅士经过，看见村夫如此鲜血淋漓地忍受痛苦，不禁驻足问他：“为什么要受兀鹰啄食呢？”村夫答道：“我没有办法啊。这只兀鹰刚开始袭击我的时候，我曾经试图赶走它，但是它太顽强了，几乎抓伤我的脸颊，因此我宁愿牺牲双脚。呵，我的脚差不多被撕成碎块了，真可怕！”

绅士说：“你只要一枪就可以结束它的生命呀。”村夫听了，尖声叫嚷着：“真的吗？那么你助我一臂之力好吗？”

绅士回答：“我很乐意，可是我得去拿枪，你还能支撑一会儿吗？”

在剧痛中呻吟的村夫，强忍着撕扯的痛苦说：“无论如何，我会忍下去的。”

于是绅士飞快地跑去拿枪，但就在他转身的瞬间，兀鹰猛

然拔身冲起，在空中把身子向后拉得远远的，以便获得更大的冲力，如同一根标枪般，用它的利齿啄向村夫的喉头，深深插入。村夫终于倒地而死了，死前稍感安慰的是，兀鹰也因太过用力，淹溺在村夫的血泊里。

这是一个不那么好懂的寓言，然而我们还是能从中读出村夫被秃鹰撕咬时的痛苦，村夫为什么宁愿像傻瓜一样忍受秃鹰的袭击，而不自己拿枪结束秃鹰的生命呢？其实，秃鹰只是一种象征，它象征着萦绕人生的内在与外在的痛苦。

尘世中的凡人，其实都不知不觉地像村夫一样痛苦得不能自拔，沉溺于痛苦之中，甚至“爱”上了自己的痛苦，尽管能摆脱它，却不愿亲自动手。而当别人好心地来解决你的痛苦时，却为时晚矣！其实，只要你愿意，你可以立马枪毙痛苦，甚至可以超越任何痛苦！

别再“爱”上你的痛苦了，当你感到痛苦的时候，不妨试试这些方法来排解：

1. 仔细分析痛苦的原因，一一列举出来，写到纸上，采取积极的行动，争取解决问题。

2. 分析当别人出现类似状况时如何处理，尤其可以借鉴一些伟人面对痛苦时的做法，从中汲取精神力量。

3. 向亲朋好友说出你的痛苦，共同商议解决问题的方法。

4. 适时放下痛苦，从痛苦中暂时抽身而出，可以选择散步或旅游放松身心，在大自然中过滤身心烦恼，理顺紊乱的思维。或者通过其他的兴趣爱好和文艺活动来转移化解，例如记日记、听音乐、阅读等等。

5. 树立正确的痛苦观：

（1）痛苦是人生的必然，没有痛苦就没有快乐。

（2）痛苦是把双刃剑，能磨砺意志，增进认识，转变观念……

（3）痛苦只是暂时的，并且是可以超越的。回头看看你曾经经历过的痛苦，原先以为不能忍受，现在看来也并非难以逾越。现在的痛苦和原先的痛苦其实是一样的。

（4）痛苦使你精神富有。“良药苦口”，痛苦使人成长。

（5）不经痛苦，不懂快乐。痛苦是快乐的源泉。

顿悟舍得：

适时放下痛苦，从痛苦中暂时抽身而出，可以选择散步或旅游放松身心，在大自然中过滤身心烦恼，理顺紊乱的思维。

3. 我们常常自生烦恼，“平添许多愁”

人的欲望总是那么有蛊惑力。因为舍不得放弃到手的职务，有些人整天东奔西跑，荒废了正当的工作；因为舍不得放下诱人的钱财，有人费尽心思，不惜铤而走险；因为舍不得放弃对权力的占有欲，有些人热衷于溜须拍马、行贿受贿；因为舍不得放弃一段情感，有些人宁愿蹉跎岁月……人总是这样，总是希望拥有一切，似乎拥有得越多，人越快乐。可是，突然有一天，我们忽然惊觉：我们的忧郁、无聊、困惑、无奈，都是因为我们渴望拥有的东西太多了，或者太执着了。不知不觉中，我们已丧失了一切本源的快乐。

一个人，背着包袱走路总是很辛苦的，该放弃时就应果断地放弃，生活中有得必有失，静观世间万物，适当地有所放弃，这正是获得内心平衡、获得快乐的好方法。

放弃不仅能改善你的形象，使你显得豁达豪爽；也会使你得到朋友的依赖，使你变得完美坚强；还会带给你万众瞩目，使你的生命绚丽辉煌，使你变得聪明、能干，更有力量。

学会放弃吧，凡是次要的、细枝末节的、多余的，该放弃的都放弃吧！

两个和尚一起到山下化斋，途经一条小河，和尚正要过河，忽然看见一个妇人站在河边发愣，原来妇人不知河的深浅，不敢轻易过河。一个年纪比较大的和尚立刻上前去，把那个妇人背过了河。两个和尚继续赶路，路上，那个年纪较大的和尚一直被另一个和尚抱怨，说作为一个出家人，怎可背个妇人过河。年纪较大的和尚一直沉默着，最后他对另一个和尚说："你之所以到现在还喋喋不休，是因为你一直都没有在心中放下这件事。而我在放下妇人之后，同时也把这件事放下了。"

放下是一种觉悟，更是一种心灵的自由。

只要你不把闲事常挂在心头，快乐自然愿意接近你！

其实，生活原本是有许多快乐的，只是我们常常自生烦恼，"平添许多愁"。许多事业有成的人常常有这样的感慨："事业小有成就，但心里却空空的。"好像拥有很多，又好像什么都没有。总是想成功后坐豪华游轮去环游世界，尽情享受一番。但真正成功了，却没有时间没有心情去了却心愿，因为还有许多事情让人放不下……

对此，台湾作家吴淡如说得好：

"好像要到某种年纪，在拥有某些东西之后，你才能够悟到，你建构的人生像一栋华美的大厦，但只有硬体，里面水管失修，配备不足，墙壁剥落，又很难找出原因来整修，除非你把整栋房子拆掉。

"你又舍不得拆掉。那是一生的心血，拆掉了，所有的人会不知道你是谁，你也很可能会不知道自己是谁。"

仔细咀嚼这段话，不就是因为"舍不得"吗？

很多时候，我们舍不得放弃一份放弃了之后并不会失去什么的工作，舍不得放弃已经走出很远很远的种种往事，舍不得放弃对权力与金钱的角逐……于是，我们只能用生命作为代价，透支着健康与年华。不是吗？现代人都精于算计投资回报率，但谁能算得出，在得到一些自己认为珍贵的东西时，有多少和生命息息相关的美丽像沙子一样从指缝中溜走？而我们却很少去思考：掌中所握有的生命沙子的数量是有限的，一旦失去，便再也捞不回来。

佛家说："要眠即眠，要坐即坐。"这是多么自在的快乐之道啊。倘使你总是"吃饭时不肯吃饭，睡觉时不肯睡觉"，这样放不下，你又怎能快乐呢？

顿悟舍得：

放弃不仅能改善你的形象，使你显得豁达豪爽；也会使你得到朋友的依赖，使你变得完美坚强；还会带给你万众瞩目，使你的生命绚丽辉煌，使你变得聪明、能干，更有力量。

4. 如果你不自寻烦恼，没人会让你烦恼

很多时候，我们不光纠结于过去已经发生了的事实，还经常杞人忧天地忧虑还未发生的事情。说不定此刻的你也正处于对某件事的忧虑之中，其实这是没有任何好处的。忧虑只能徒增烦恼，折磨自己，不能解决任何问题。

有个人疑心自己得了癌症，便跑去看医生。

医生问他："你觉得哪里不舒服？"

他回答说："好像没有哪里不舒服。"

医生又问："你感觉身体哪里疼？"

他说："感觉不到疼。"

医生又问："你最近体重有没有减轻？"

他说："没有。"

"那你为什么觉得自己得了癌症？"医生忍不住问他。

他说："书上说癌症的初期毫无症状，我正是如此啊！"

别看这个故事很滑稽，但这类自寻烦恼的人在现实生活中也确实存在。

马克·吐温晚年时曾感叹道："我的一生太多时候在忧虑一些从未发生过的事。没有任何行为比无中生有的忧愁更愚蠢了。"经科学家研究发现：40%的忧虑关于未来，30%的忧虑关于过去，22%的忧虑来自微不足道的小事情，4%的忧虑来自

我们改变不了的事实，余下的4%的忧虑来自我们正在做的事情。

从心理角度来说，忧虑是由于我们的潜意识过高、过久地估计了自己面临的种种困境而过多地担忧恐惧。不光把过去无法改变的事实拿来一肩挑，还一门心思地发挥丰富的想象，把未发生的困难挫折想象得天塌地陷，直到压得自己透不过气来。

《圣经》中说："忧虑不能让你多活几天，有什么可忧虑的呢？天上的飞鸟不种也不收，一样活得很好；谷中的百合花无人照看照样绽放自己的美丽，上帝都为他们准备了丰盛的生活。我们人要比他们不知珍贵多少倍，上帝一样会善待我们，所以不要忧虑。"

诺贝尔医学奖获得者亚力西斯·柯瑞尔博士也说过这样一句话："不知道怎样克服忧虑的人，都会短命。"减少忧虑对你的身心的干扰，让快乐与自己如影随形，我们不妨借鉴一下卡耐基的做法，他说："即使我们生活当中缺少欢乐，对工作缺少兴趣，我们也可以假装快乐，假装很有兴趣，用快乐的心情去生活，这样在不知不觉中，假装的快乐也会变成真的快乐。过去的事情你已经无法改变，那么都是过一天，快乐地过一天还是忧虑痛苦地过一天，我想我们应该会做出正确的选择。"

让我们记住卡耐基的话，在忧虑毁了你之前，就率先改掉自己忧虑的习惯。如果你觉得改掉忧虑的习惯太难，我们也可以借鉴下纽约工程师威利·卡瑞尔发明的"有效消除忧虑法"。

卡瑞尔是一个很聪明的工程师，他开创了空气调节器制造业，现在是世界闻名的瑞西卡瑞尔公司的负责人。"有效消除忧虑法"是他在纽约工程师俱乐部吃午餐时想到的。

"这个反忧虑的办法非常有效，我已经使用了三十多年。这个办法非常简单，任何人都可以使用。其中共有三个步骤：第一步，我先毫不害怕而诚恳地分析整个情况，然后找出万一失败可能发生的最坏情况是什么。再分析即使这个情况坏到不可挽回的程度也没有人会把我关起来，或者把我枪毙。第二步，找到可能发生的最坏情况之后，我就让自己在必要的时候能够接受它。发现可能发生的最坏情况，并让自己能够接受之后，我马上轻松下来，感受到几天以来所没体验过的一份平静。第三步，从这以后，我就平静地把我的时间和精力，拿来试着改善我在心理上已经接受的那种最坏情况。”

是的，忧虑是随时都可能发生的，但如果我们事先做好了发生最坏情况的准备，那么即使事情真的发生了，我们也能坦然接受。而且，当你做好了准备，你会发现，事情并没有你想象得那么糟糕。所以，如果我们少一点杞人忧天的想法，少给自己添些莫须有的苦恼，我们将会生活得比现在好，比你想象中的好。

顿悟舍得：

快乐可以自找，烦恼也是自己找的。如果我们不给自己寻烦恼，别人永远也不可能给我们烦恼。昨天已经过去，不再烦；今天正在过，不用烦；明天还没有到，烦不着。那么我们还有什么可忧虑的呢？只能感叹：“世上本无事，庸人自扰之。”

5. 及时清理封裹心灵的茧

英国诗人威廉·费德说过："舒畅的心情是自己给予的，不要天真地去奢望别人的赏赐。舒畅的心情是自己创造的，不要可怜地乞求别人的施舍。"

南宋僧人也曾作一偈："身是菩提树，心如明镜台。时时勤拂拭，莫使惹尘埃。"心如明镜，纤毫毕现，洞若观火，那身无疑就是"菩提"了。但前提是"时时勤拂拭"，否则，尘埃厚厚，似茧封裹，心定不会澄碧，眼定不会明亮了。

一个人在尘世间走得太久了，心灵无可避免地会沾染上尘埃，使原来洁净的心灵受到污染和蒙蔽。心理学家曾说过："人是最会制造垃圾污染自己的动物之一。"

的确，清洁工每天早上都要清理人们制造的成堆的垃圾，这些有形的垃圾容易清理，而人们内心中诸如烦恼、欲望、忧愁、痛苦等无形的垃圾却不那么容易清理了。因为，这些真正的垃圾常被人们忽视，或者出于种种的担心与阻碍不愿去扫。譬如，太忙、太累；或者担心扫完之后，必须面对一个未知的开始，而我们又不确定哪些是自己想要的。万一现在丢掉的，将来想要时却又捡不回来，怎么办？

的确，清扫心灵不像日常生活中扫地那样简单，它充满着心灵的挣扎与奋斗。不过，我们可以告诉自己："每天扫一点，每一次的清扫，并不表示这就是最后一次。”而且，没有人规定我们一次必须扫完。但我们至少要经常清扫，及时丢弃或扫掉拖累心灵的东西。

每个人都有清扫心灵的任务，对于这一点，古代的圣者先贤看得很清楚。圣者认为，“无欲之谓圣，寡欲之谓贤，多欲之谓凡，徇欲之谓狂”。圣人之所以为圣人，就在于他心灵的纯净和一尘不染，凡人之所以是凡人，就在于他心中的杂念太多，而他自己还蒙昧不知。所以，圣人了悟生死，看透名利，继而清除心中的杂质，让自己纯净的心灵重新显现。

我们都有清理打扫房间的体会吧，每当整理完自己最爱的书籍、资料、照片、唱片、画册、衣物后，我们会发现：房间原来这么大，这么清亮明朗！自己的家更可爱了！

其实，心灵的房间也是如此，如果不把污染心灵的废物一块一块清除掉，势必会造成心灵垃圾成堆，而原来纯净无污染的内心世界，亦将变成满池污水，让我们变得贪婪、腐朽、无可救药。

顿悟舍得：

人的一生，就像一趟旅行，沿途中有数不尽的坎坷泥泞，但也有看不完的春花秋月。如果我们的一颗心总是被灰暗的风尘所覆盖，干涸了心泉，黯淡了目光，失去了生机，丧失了斗志，我们的人生轨迹岂能美好？而如果我们能“时时勤拂拭”，勤于清扫自己的“心房”，勤于掸净自己的灵魂，我们也一定会有“山重水复疑无路，柳暗花明又一村”的那一天。

6. 常给心情放放假，不可总是太紧张

第二次世界大战期间，丘吉尔和蒙哥马利将军闲谈时，蒙哥马利将军说："我不喝酒，不抽烟，到晚上十点钟准时睡觉，所以我现在还是百分之百的健康。"丘吉尔却说："我刚巧跟你相反，既抽烟，又喝酒，而且从不准时睡觉，但我现在却是'百分之二百'的健康。"很多人都认为是怪事，以丘吉尔这样一位身负第二次世界大战重任，工作繁忙紧张的政治家，生活这样没有规律，何以寿登大耄，而且还"百分之二百"的健康呢？

其实，只要稍加留意就可知道，他健康的关键，全在有恒的锻炼，轻松的心情。毫无疑问，丘吉尔既抽烟，又喝酒，且不准时睡觉，这些并不足为训。但是我们是否知道，丘吉尔即使在战事最紧张的周末还去游泳，在"二战"白热化的时候还去垂钓，而且他刚一下台就去画画，估计很多人都没见他那微皱起的嘴边上斜插着一支雪茄的轻松心情吧！

因此，我们不妨学着丘吉尔那样给自己的心情放个假吧！也许我们不可能完全做到丘吉尔的完美，但是我们只要学到一半，就可以得到百分之百的健康。

在现实生活中，使自己心情轻松的第一要诀是"知止"。"知止"于是心定，定而后能静，静而后能安，心情还有什么不轻松的呢？

使心情轻松的第二要诀是“谋定而后动”。做任何事情，要先有周密的安排，安排既定，然后按部就班地去做，如此就能应付自如，不会既忙且乱了。在这瞬息万变的社会里，当然免不了也会出现偶发的事件，此时更要沉住气，详细而镇定地安排。事事要谋定而后动，像中国史书中的谢安那样，在淝水之战最紧张的时刻还能颇有闲情逸致地下棋。

使心情轻松的第三要诀是不做不能胜任的事情。假如我们身兼数职，却顾此失彼，又有何快乐可言呢？或者用非所长，心有余而力不足，心情又怎么会轻松呢？

使心情轻松的第四要诀是“拿得起，放得下”。对任何事情都不可一天 24 个小时地念念不忘，寝于斯，食于斯。否则，不仅于身有害，而且于事无补。

使心情轻松的第五要诀是在轻松的心情下工作。工作尽可紧张，但心情仍需轻松。在我们肩负重担的时候，千万记住要哼几句轻松的歌曲。在我们写文章写累了的时候，不妨高歌一曲。要知道心情越紧张，工作越做不好。

一个口吃的人，在他悠闲自在地唱歌时，绝不会口吃；一个上台演讲就脸红的人，在与他的爱人谈心时一定会娓娓动听。要想身体好，工作好，就一定要保持轻松的心情。

使心情轻松的第六要诀是多留出一些富裕的时间。好多使我们心情紧张的事，都是因为时间短促。若每一件事都多留出些时间来，就会不慌不忙、从容不迫了。最好的办法就是永远把自用表拨快一个相当的时间，时时刻刻用表面上的时间提醒自己，如此则既不误事，又可轻松。

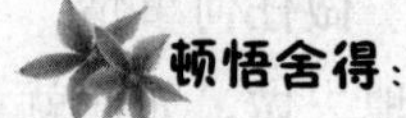

顿悟舍得：

一个心情经常放松的人沾枕头就睡着，一个心情经常紧张的人容易失眠，一个永远从容不迫的人准能长寿，一个眉头经常紧锁的人容易早亡。给心情放个假，我们便会时时感到快乐，无忧无虑。

7. 遗忘痛苦，幸福才会降临

人生难免有高低起伏，没有永远的白天，也没有永远的黑夜。学会遗忘，就是把记忆沉淀；学会遗忘，就是把痛苦抛掉；学会遗忘，就是把心里的荆棘拔掉；学会遗忘，就是把人生路上的顽石搬开；学会遗忘，就是把阳光引进屋，将阴霾逐出心房。

有一对夫妇，一起携手走过人生的风风雨雨，十分恩爱。待到老年的时候，妻子不幸患病，瘫痪在床，老头忧心如焚，照顾得无微不至。可最后，病魔还是带走了形容枯槁的妻子，留下老头一人独自过活。他接受不了妻子离去的事实，每次做完饭，都要先到妻子的坟前，给她送上一碗饭菜；怕妻子寂寞，每天晚上还到坟前陪她说话。不论严寒酷暑，天天如此。3年过后，老头因患癌症离开了人间。医生说，导致老头发病的重要原因，是因为他不曾遗忘对妻子的思念，长期沉浸于忧愁和悲伤的情绪中，最终抑郁成疾。

国外有一个死者，在其墓碑上为妻子征婚——“纪念约翰·佛得斯顿，死于1908年8月10日。他很为他的遗妻悲伤，极希望有情人去安慰她，她还年轻，芳龄36岁，具有一切妻子的美德。她的地址住在本地教堂街4号。”这位死者希望妻子能够忘掉他，重新开始新的生活。

令人刻骨铭心的爱，也需要遗忘。当你不懂得遗忘的时候，爱反而变成了一种沉重的伤痛。老头对妻子的眷恋不忘固然惊天地泣鬼神，然而，活在妻子过世的悲伤中却加速了自己的死亡，相反，国外的那位死者，能够鼓励妻子从其死亡中超脱出来，投身新的生活，这又何尝不是一种更加深刻的爱？同样，对于每一个人来说，遗忘坏情绪，是为了更好地告别昨天的忧伤，以更加饱满的热情和乐观的心态投入新的生活。

据说，金鱼的记忆只能维持7秒钟，7秒钟之前发生的事情，它是记不住的。于是，金鱼总会有一种新鲜感，能够在小小的鱼缸中快乐地游来游去。每个人的生命只有一次，而且生命是那么短暂，只有选择遗忘，我们才能装下更多幸福的记忆，摒弃更多灰暗的情绪。

遗忘，将坏情绪抛到九霄云外，那么，我们就能不被悲伤左右，不被痛苦禁锢，不被恐惧干扰，不被愤怒缠身。选择遗忘，让痛楚不再刻骨铭心，让欢乐永志不忘！

顿悟舍得：

学会遗忘，就是把记忆沉淀；学会遗忘，就是把痛苦抛掉；学会遗忘，就是把心里的荆棘拔掉；学会遗忘，就是把人生路上的顽石搬开；学会遗忘，就是把阳光引进屋，将阴霾逐出心房。

8. 勇敢向前，别在不幸上停留太久

古人最常说的一句话就是，“失之东隅，收之桑榆”。一个人的一生不能总是向后看，人要学着向前看。虽然失之东隅，不一定就真的能够收之桑榆，因为这个世界上没有天上掉馅饼这样的好事；但是，我们还是能够从过去的挫折或者损失中吸取一些经验，重新开始。我们与其沉浸在痛苦中不能自拔，不如转变自己的思想，调整自己的人生方向，等到下一次机遇来到的时候，能够牢牢地抓住，因为机遇总是特别偏爱有准备的头脑，而成功垂青的是那些不为打翻的牛奶哭泣的人。

拿破仑曾说过：“避免失败的最好的办法，就是下决心成功。”我们可以套用过来就是：避免为打翻的牛奶哭泣的最有力的做法就是，让自己坚信：前面的风景更好！当我们沉浸在不能改变的失败的事实中走不出来的时候，不妨找一件事情来代替它，这也是让自己避免痛苦的一种方法。当你遭受不幸的时候，不妨先将这些不幸都隐藏起来，做一些让自己更容易成功的事情。当你在另一方面取得成功的时候，回过头来再看那些不幸的时候，你会发现那些不幸其实真的不算什么，你早就能够对其一笑置之，坦然面对了。

巴雷尼在小时候，因为一次大病成了一个残疾人。他的母

亲虽然心里很难过，但还是忍住自己的伤痛。她认为，孩子现在最需要的就是鼓励和帮助，而不是看到她的眼泪。于是，巴雷尼的妈妈拉着他的手对他说：“孩子，妈妈相信你是个有志气的人，真的希望你能用自己的双腿，在人生的道路上勇敢地走下去！你能答应妈妈吗？”

妈妈的话像铁锤一样撞击着巴雷尼的心，他哭倒在妈妈的怀里。

自此以后，他的母亲只要有空，就帮助巴雷尼练习走路，做体操，常常累得满头大汗。有一次，他的妈妈感冒了，尽管发着高烧，可她还是坚持按计划帮助巴雷尼练习走路。黄豆般的汗水从母亲的脸上流了下来，她用毛巾擦干，咬着牙，继续帮巴雷尼完成当天的任务。

长期的体育锻炼弥补了由于残疾给巴雷尼带来的不便，母亲的行为更是深刻地教育了巴雷尼。他经受住了命运的残酷打击，刻苦学习，他的学习成绩在班上一直都是名列前茅。最后，他还用优异的成绩考上了维也纳大学医学院。大学毕业后，巴雷尼用全部的精力，致力于儿科神经学的研究。最后，他终于踏上了诺贝尔生理学和医学奖的领奖台。

巴雷尼因病而残疾，这已经是不能改变的事实了。可贵的是，他没有在这个不能改变的事实上做过多的停留，而是努力地让自己向前看，更加努力地往前走。是的，命运对他来说是真的很不公平，但是，他和他的母亲却用自己的努力，创造了另外一个更加辉煌的人生。

每个人都会经历不幸，但是如果能够在这样的时候，让自己保持清醒的头脑，果断地放弃现在，让自己从不幸中走出来，我们的未来才能更加的美好。人生的美好不是因为没有不好的事情存在，而是我们学会了让自己从不好的事情中解脱出来，让自己更加努力和坚定地向前走。这是我们唯一的选择，也是最好的选择。

顿悟舍得：

当我们沉浸在不能改变的失败里走不出来的时候，不妨找一件事情来代替它，这也是让自己避免痛苦的一种方法。

卷四
退让不吃亏，忍耐是保全

俗话说：“忍一时风平浪静，退一步海阔天空。”人活一世，风平浪静和海阔天空难道不是我们的终极追求吗？退让、忍耐只是舍了一时痛快，却得了一世好处，这是一个保身的技艺。当忍则忍，当退则退，乃是人生的大智慧。

1. 物极必反，当退则退

有许多人在取得了成就时，都是想如何在以后的时间里，取得更大的辉煌与业绩。这样的人也许会更上一层楼，也许会永葆辉煌，但是他们应该明白这样一个道理，凡事都有物极必反、盛极而衰的时候。与其从高位上摔下低谷，不如在功成名就之时就急流勇退，留得清名。

古今中外，能做到功成身退的人，大多都能流芳百世，而一味贪恋权势地位的人，下场大多都很悲惨。

孙武是我国春秋战国时的著名军事家，当时楚国一直是全中原诸国畏惧的大国，孙武所在的吴国根本不是它的对手，但却在孙武的策划下击败楚国并打下了国都郢都，致使楚国长期一蹶不振。破楚凯旋，论功当然孙武第一，但是孙武非但不愿受赏，而且执意不肯再在吴国掌兵为将，下决心归隐山林。吴王心有不甘，再三挽留，孙武执意要走。

功成名就，厚禄高官，不但能够耀祖光宗，还有享不尽的荣华富贵，这是许多人的毕生追求，孙武却将这些看得十分淡漠。那么孙武所追求的是什么呢？他在给吴王的辞呈中说："臣本是乡野之人，承蒙大王厚爱，深感荣幸。吴国的强盛，征战的业绩，我只是尽了一点儿作为臣子应尽的义务，高官厚禄，实在不敢领受，这些战功、政绩的取得，都是大王的功德！如今，我年事已高，要做的事情往往心有余而力不足，继续留在大王身边，恐怕误了大事。请求大王恩准，让我回归田园，过清静平淡的生活。”

经过十几年的朝夕相处，孙武的为人和不贪功不争名的高贵品质，使阖闾十分敬佩。现在，江山坐定，万象升平，他实在不愿孙武此时离开，于是派伍子胥前去劝说挽留。

孙武见伍子胥来了，遂屏退左右，推心置腹地告诉伍子胥：“你知道自然规律吗？夏天去了则冬天要来，吴王从此会仗着吴国之强盛四处攻伐，当然会战无不利，不过从此骄奢淫逸之心也就冒出来了。要知道，功成身不退，将后患无穷。现在我非但要自己隐退，而且还要劝你也一道归隐。”可惜伍子胥并不以孙武之言为然。孙武见话不投机，遂告退，从此，飘然隐去，不知所终。一代英豪，能够在功成名就后不为官禄所动心，真是难能可贵！

后来果如孙武所料，吴王阖闾与夫差两代穷兵黩武，不恤国力，最后养虎遗患，栽在越王勾践手下，身死国灭。而那个不听孙武劝告的伍子胥却因功高震主被吴王夫差摘下头颅挂在城门上了。

能在风光无限之时急流勇退的人，才是真正的智者。因为当事业全盛时期能毅然引退，不但使自己安全，他人也不会嫉妒，实在是明哲保身、受人尊敬的好方法。

不光中国古代的孙武如此，对于今天的人们来说，同样如此，很多为官者都想得一个善始善终的结局，但是有的人由于过分地迷恋权力，结果不仅没有达到愿望，反而因此而造成晚节不保。人生变故，犹如洪流，进退得宜，亦悦亦福；势盛则衰，物极必反，当退则退，如果不退必受其乱。

顿悟舍得：

凡事都有物极必反、盛极而衰的时候。与其从高位上摔下低谷，不如在功成名就之时就急流勇退，留得清名。

2. 要想求保全，需在得意浓时休

吕不韦是阳翟的大商人，他往来各地，以低价买进，高价卖出，所以积累起巨额家产。太子去世两年后，秦昭王立安国君为太子。而安国君有个非常宠爱的妃子，被立为正夫人，称之为华阳夫人，但华阳夫人没有儿子。安国君有二十多个儿子，其中有个儿子名叫子楚，被作为秦国的人质派到赵国。由于秦国多次攻打赵国，赵国对子楚也不以礼相待。

子楚在赵国生活十分困窘，很不得意。吕不韦到赵国都城邯郸做买卖时结识了子楚。他明白，子楚肯定是因为不被喜爱才被送往赵国做人质。按照一般的商人思维，对这样的人投资是毫无价值的，顶多给他一点儿好处，也许他哪天撞上了好运，侥幸回到秦国去，当了一路诸侯，以后见面也可以给点照应。但是吕不韦并不这样看。他觉得子楚最大的政治优势就是他有个父亲是秦王，虽然秦王有众多子女，他又不被喜欢，但他毕竟是秦王的亲生儿子，他是有希望成为下一个秦王的。这就是这个人最大的投资价值。吕不韦于是问父亲："耕田之利多少倍？"父亲答道："十倍。"吕不韦再问："珠玉之利多少倍？"父亲答道："一百倍。"吕不韦接着问："如果立主定国，那么利益又是几倍？"父亲很惊异地说："如果能这样，利益当然是无数倍。"于是吕不韦认定子楚奇货可居。

于是他就前去拜访子楚，为子楚出谋划策，他对子楚说："秦王已经老了，安国君已经被立为太子。我听说安国君非常宠爱华阳夫人，能够选立太子的只有华阳夫人一个，但华阳夫人没有儿子。现在您的众多兄弟中，您排行中间，而且不受秦王宠幸，长期被留在赵国当人质，即使哪天秦王驾崩，安国君继位为王，您也不要指望同你的兄弟们争太子之位。"子楚一听，便问吕不韦该怎么办。吕不韦说："您现在生活十分困窘，又长期客居在此，拿不出什么东西来献给亲长，结交宾客。我虽然也不是很富有，但愿意拿出千金来为你西去秦国游说，侍奉安国君和华阳夫人，尽力让他们立您为太子。"于是子楚叩头拜谢道："如果真有那么一天，我愿意将秦国的土地与您共享。"

吕不韦于是拿出五百金送给子楚，作为交结宾客之用；又拿出五百金买了一些珍奇玩物，自己带着西去秦国游说。吕不韦将所有宝物都献给了华阳夫人，顺便谈及子楚聪明贤能，所结交的诸侯宾客遍及天下，而且常常把夫人看成天一般，日夜哭泣思念父亲和夫人。华阳夫人一听十分高兴。吕不韦又让人劝说华阳夫人道："我听说用美色来侍奉男人的，一旦色衰，宠爱也就会随之减少。现在夫人您侍奉太子，甚被宠爱，但没有儿子，不如趁这个时候早一点儿在太子的儿子中结交一个有才能而且孝顺的人，立他为继承人而又像亲生儿子一样对待他。那么，丈夫在世时受到尊重，丈夫死后，自己的儿子又能继位为王，始终也不会失势……现在子楚贤能，而且自己也知道排行居中，按次序是不可能被立为继承人的，而且他的生母不受宠爱，于是他只有主动依附于夫人，夫人如果能在这个时候提拔他为继承人，那么您一生在秦国都会受到尊宠。"华阳夫人一听觉得十分有道理，于是便向太子提议立子楚为继承人，太子也答应了。

吕不韦又选了一位美貌女子送给子楚，这个女子为子楚生了个儿子，叫政，这就是日后的秦始皇。

不久，子楚和吕不韦密谋逃回了秦国，而将妻子和儿子留在了赵国。又过了几年，秦昭王去世，太子安国君继位为王，华阳夫人为王后，子楚为太子。安国君继位不久就去世了，子楚即位，他就是庄襄王。庄襄王任命吕不韦为丞相，封为文信侯，把河南洛阳的十万户作为他的食邑。

庄襄王即位 3 年之后死去，太子嬴政继立为王，尊奉吕不韦为相国，称他为仲父。吕不韦权倾朝野。

当时魏国有信陵君，楚国有春申君，赵国有平原君，齐国有孟尝君，他们都礼贤下士，结交宾客，并且都极力在这方面争个高低上下。吕不韦认为秦国如此强大，也应该在这方面超过他们。于是他召集了许多文人学士，给他们十分好的待遇，门下食客多达3000人。吕不韦组织自己的食客编了《吕氏春秋》，名闻天下。

秦王嬴政逐渐长大，渐渐对朝政有了自己的主见，但吕不韦仍然把持着朝政，君权和相权的矛盾开始激化。后来秦始皇终于找到个理由，将吕不韦罢免，让他回到自己河南的封地去。

又过了一年多，各国的宾客使者络绎不绝，前去问候吕不韦。秦王嬴政怕他发动叛乱，于是写信给吕不韦说："你对秦国有什么功劳？秦国已经封你在河南，食邑十万户。你和寡人又有什么血缘关系而号称仲父？现在命令你和家属都一概迁到蜀地去居住！"吕不韦一看就明白自己已经逐渐被逼迫，他害怕日后被杀，于是就喝下鸩酒自杀。

历史上对吕不韦并没有多少好评，但是对他卓绝的经商头脑确实赞叹不已，尤其是他所认定的"奇货可居"，正说明了吕不韦这个人眼光十分敏锐，而且看得长远。但是吕不韦唯一看不长远的是，他没有看到自己干涉了一个英明国君的成长，他已经权倾朝野，还要著书立说，求得盛名，更不为秦王嬴政所容。

一个人要想求得保全，就要学会得意浓时便可休。

顿悟舍得：

当自己的事业达到顶峰的时候，要懂得推恩施惠，即有功劳的时候要懂得将功劳向上推，有利益的时候要懂得将实惠分给下面的人。只有这样，你才能游刃有余，最终成就自己的事业和一世的美名！

3. 做人不可张扬，以免惹来麻烦

关于如何做人，有一本书写道：过于张扬，烈日会使草木枯萎；过于张扬，滔滔江水将会决堤；过于张扬，好人也会变得疯狂，疯狂就会使人跌入万丈深渊。细细想来真是这样，做人不要太张扬，太张扬的人容易招人嫉妒，遭人白眼，甚至会在不知不觉中引来不必要的麻烦。

姜太公因为功高，周王把齐国封给姜太公。齐国有一个叫华士的人，为人十分清高，不向天子称臣，也不与诸侯交往。太公命人去召他为国效力，连去了 3 次，华士都拒绝了，太公便叫人杀了他。周公问姜太公："华士是齐国的杰出人物，你怎么杀了他呢？"太公说："这个人不向天子称臣，不与诸侯交往，难道我还能希望他向我称臣，并且和我友好交往吗？肯定是不可能的，这种人是可以放弃的人，也是自我放纵的人。如果不杀这种人，反而纵容他，那么全国的民众都会仿效他，谁还会知道君王是谁呢？"

少正卯和孔子是同一个时代的人，孔子的门人三盈三虚，都是少正卯在鼓惑。孔子当了大司寇以后，便立即诛杀了少正卯。子贡对孔子说："少正卯是鲁国十分有名的人物，先生却杀了他，先生不觉得有些不妥吗？"孔子说："没有什么不妥的，人有五恶，只要得其一，君子就要诛杀之，而少正卯却是五恶兼而有之，是小人中的小人，所以不得不杀。”

华士和少正卯之所以被杀，最主要的原因是为人高调，喜欢孤芳自赏，自命清高。姜太公和孔子杀了这两个人并没有掩盖他们自己的光辉，反而使得他们的形象更加高大，后人称赞两人做事有魄力。而华士和少正卯两个人却逐渐被人遗忘，几乎没有人同情他们。

不要高调，无论是做人还是做事。如果为人高调，又和别人私人关系较好，或许别人会在一段时间内纵容，但心中已不愉快了，迟早会招来祸患。如果为人高调，又喜欢标新立异，自诩不和别人“同流合污”，那么肯定也不能和别人长久相处，而且过得不愉快。

为人高调很难找到朋友。虽然大多数人喜欢和比自己聪明优秀的人交朋友，但是人们不喜欢和显得比自己聪明优秀的人交朋友，二者并不矛盾。比自己聪明优秀是自己由衷钦佩的，而显得比自己聪明优秀其实是并不能使人心悦诚服。正如一位哲人说，如果你想多一些朋友，就表现得比别人笨一些；如果你想多一些敌人，就尽可能地表现得比别人聪明些。为人高调的人是表现得比别人聪明的人，是很难交到很多朋友的。

顿悟舍得：

细细想来真是这样，做人不要太张扬。太张扬的人容易招人嫉妒，遭人白眼，甚至会在不知不觉中引来不必要的麻烦；我们每个人真的应该做到遇喜不形于色，遇哀不忧伤于心，低调平淡才是真。

4. 以谦卑的姿态行走社会，才会走得顺利

一副高高在上的姿态，一副得意忘形的面孔，一副颐指气使的神情，一副专横跋扈的气势……以这种傲慢的姿态处世，迟早会失败。

社会的门槛有高有低，只有以谦卑的姿态行走其间，才能顺利通过所有的门槛。

羊祜出身于官宦世家，是东汉蔡邕的外孙，晋景帝司马师献皇后的同母弟。但他为人清廉谦恭，毫无官宦人家奢侈骄横的恶习。

他年轻时曾被荐举为上计吏，州官 4 次征辟他为从事、秀才，五府也请他做官，他都谢绝。有人把他比作孔子最喜欢的学生——谦恭好学的颜回。曹爽专权时，曾任用他和王沈。王沈兴高采烈地劝他一起应命就职，羊祜却淡淡地回答：“委身侍奉别人，谈何容易！”后来曹爽被诛，王沈因为是他的属官而被免职。王沈对羊祜说：“我应该常常记住你以前说的话。”羊祜听了，并不夸耀自己有先见之明，说：“这不是预先能想到的。”

晋武帝司马炎称帝后，因为羊祜有辅助之功，将他任命为中军将军，加官散骑常侍，封为郡公，食邑三千户。但他坚持辞让，于是由原爵晋升为侯，其间设置郎中令，备设九官之职。

他对于王佑、贾充、裴秀等前朝有名望的大臣，总是十分谦让，不敢属其上。

后来因为他都督荆州诸军事等功劳，加官到车骑将军，地位与三公相同，但他上表坚决推辞，说："我入仕才十几年，就占据显要的位置，因此日日夜夜为自己的高位战战兢兢，把荣华当作忧患。我身为外戚，事事都碰到好运，应该警诫受到过分的宠爱。但陛下屡屡降下诏书，给我太多的荣耀，使我怎么能承受？怎么能心安？现在有不少才德之士，如光禄大夫李熹高风亮节，鲁艺洁身寡欲，李胤清廉朴素，都没有获得高位，而我无德无能，地位却超过他们，这怎么能平息天下人的怨愤呢？因此乞望皇上收回成命！"但是皇帝没有同意。

晋武帝咸宁三年，皇帝又封羊祜为南城侯，羊祜坚辞不受。羊祜每次晋升，常常辞让，态度恳切，因此声名远播，朝野人士都对他推崇备至，以致认为他应居宰相的高位。晋武帝当时正想兼并东吴，要倚仗羊祜承担平定江南的大任，所以此事被搁置下来。羊祜历职二朝，掌握机要大权，但他本人对于权势却从不钻营。他筹划的良计妙策和议论的稿子，过后都焚毁，所以世人不知道其中的内容。凡是他所推荐而晋升的人，他从不张扬，被推荐者也不知道是羊祜举荐的。有人认为羊祜过于缜密了，他说："这是什么话啊！古人的训诫：入朝与君王促膝谈心，出朝则佯称不知——这我还恐怕做不到呢！不能举贤任能，有愧于知人之难啊！况且在朝廷签署任命，官员到私门拜谢，这是我所不取的。"

羊祜平时清廉俭朴，衣被都用素布，得到的俸禄全拿来周济族人或者赏赐给军士，家无余财。临终留下遗言，不让把南城侯印放进棺柩。他的外甥齐王司马攸上表陈述羊祜妻不愿按侯爵级别殓葬羊祜的想法时，晋武帝便下诏说："羊祜一向谦让，志不可夺。身虽死，谦让的美德却仍然存在，遗操更加感人。这就是古代的伯夷、叔齐之所以被称为贤人，季子之所以保全名节的原因啊！现在我允许恢复原来的封爵，用以表彰他的高尚美德。”

羊祜是成功的，上至一国之主，下至黎民百姓，都对他表示敬佩。羊祜的参佐们赞扬他德高而谦卑，位尊而谦恭。

顿悟舍得：

一副高高在上的姿态，一副得意忘形的面孔，一副颐指气使的神情，一副专横跋扈的气势……以这种傲慢的姿态处世，迟早会失败。社会的门槛有高有低，只有以谦卑的姿态行走其间，才能顺利通过所有的门槛。

5.与人“抬杠”是件愚蠢的事

“这部电影糟透了，花了两个钟头，却一点儿意义也没有。”

“看电影何必要看什么意义呢？而且，这部片子实在也不能算是很坏。”

“不过我认为它的布景是很宏大的，一定费了许多工夫。”

“那又不然，这一点儿布景是很便宜的。”

“还有演员也算相当卖力，只可惜为剧本所限，不能充分发挥他们的才干。”

“这几个演员已经算是做得不错的了，如果在别的剧本里，一定要失败。”

上面几句对话你看来也许觉得好笑，不过这情形多着呢！有些人差不多成了习惯地专和别人作对，无论别人说什么，他总要照例反驳。他自己本来一点儿成见也没有。不过你说“是”时，他一定要说“否”，到你说“否”时，他又说“是”。这是最可怕的习惯，犯的人很多，而且每每不自知。

为什么会这样呢？因为他不喜欢听取别人的意见，心中只有自己，而且他自以为比别人高明，事事要占上风。

即使你真的见识比别人高明，这种态度也是要不得的。你简直不为对方留一点儿余地，好像要把他迫到无路可走，才觉得满意——我知道你并没有想到这一层，但实际上你正是这样做的。这种习惯使你自己与朋友或同事疏远，没有人肯提供给你一点儿意见，更不敢向你进一点儿忠告。你本来是很好的一个人，但你却有一点儿爱和人抬杠的脾气。

唯一改善的方法是养成尊重别人的习惯。首先你要明白，在日常谈论的十有八九没有绝对是非标准的问题当中，你的意见不一定是对的，而别人的意见也不一定是错的。把双方的总和再行分配，你至多有一半是对的，那么你为什么每次都要反驳别人呢？

有这毛病的，大概都是聪明人居多数（否则也是自作聪明的人），他也许太热心，想从自己的思想中提出更高超的见解，他以为这样可使人敬服，但事实上完全错了。

一些平凡的事情，是不必去费心做更高深的研究的——至少我们日常谈话的目的，是消遣多于研究，既然不是在庄重地讨论问题，又何必在琐屑的事情上抬杠呢？所以，在轻松的谈话中不可太认真。

你的同事给你一个意见时，你若不能即刻赞同，最低限度也要表示可以考虑，不可马上反驳。要是你的朋友和你聊天，你更要注意，意见的纷争会把一切有趣的生活变得乏味。

倘若你的夫人问你："我的发式好看吗？""不好看。""我的衣服美丽吗？""不太美丽。"或她说："这双黄色的鞋子真好看。"你却偏要说："不如黑色的。"她说："孩子应该早点起床。"你却说："迟点也不要紧。"试想，这是如何的煞风景啊！

记着：你不可做一个固执的同事，不可做一个无趣的朋友，不可做一个无情的爱人，不可做一个冷酷的父亲或者是一个执拗的弟弟。

我们常听到批评某人"抬杠"，就是爱与人唱反调，表现出与人不同。现在你明白了抬杠是愚蠢的，那么，希望你避免与人作对才好。

顿悟舍得：

别人和你谈话时，他根本没有准备请你说教，大家说说笑笑罢了，你若要硬作聪明，拿出更高超的见解（即使真是可佩服的见解），对方是不会乐意接受的，所以，你不可随时摆出教导别人的神气来反驳对方。

6. 懂得运用策略，不跟对方硬拼

在市场上，竞争是避免不了的，但要击败和自己势均力敌的对手，就要讲究一定的方式方法。

一位搏击高手参加锦标赛，自以为稳操胜券，一定可以夺得冠军。但出乎意料，在最后的决赛中，他遇到一个实力相当的对手，双方都竭尽全力出招攻击。当打到了中途，搏击高手意识到，自己竟然找不到对方招式中的破绽，而对方的攻击却往往能够突破自己防守中的漏洞，有选择地打中自己。比赛的结果可想而知，这个搏击高手惨败在对方手下，没能得到冠军的奖杯。事后，他愤愤不平地找到自己的师父，一招一式地将对方和他搏击的过程再次演练给师父看，并请求师父帮他找出对方招式中的破绽。他决心根据这些破绽，苦练出足以攻克对方的新招，决心在下次比赛时，打倒对方，夺取冠军的奖杯。

师父笑而不语，在地上画了一道线，要他在不能擦掉这道线的情况下，设法让这条线变短。搏击高手百思不得其解，怎么会有像师父所说的办法，能使地上的线变短呢？最后，他无可奈何地放弃了思考，转向师父请教。

师父在原先那道线的旁边，又画了一道更长的线。两者相比较，原先的那道线看起来就变得短了许多。师父开口道：“夺得冠军的关键，不仅仅在于如何攻击对方的弱点，正如地上的长短线一样，如果你不能在要求的情况下使这条线变短，你就要懂得放弃从这条线上做文章，寻找另一条更长的线。那就是只有你自己变得更强，对方就如原先的那条线一样，也就在相比之下变得较短了。如何使自己更强，才是你需要苦练的根本。”徒弟若有所悟。

师父接着说：“搏击要用脑，要学会选择，攻击其弱点，同时要懂得放弃，不跟对方硬拼，以自己之强攻其弱，你就能夺取冠军。”徒弟恍然大悟。

在获得成功的过程中，有无数的坎坷与障碍，需要我们去征服或跨越。懂得放弃，不跟对方硬拼，全面增强自身实力，使自己变得更加成熟，更加强大，然后再以己之强攻敌之弱，许多问题便会迎刃而解。这不仅是一种进退的策略，也是一种舍得的智慧。

有一次，在美国费城举行宪法会议的时候，会议中分为赞成派和反对派，讨论相当激烈。由于出席者有着种族、宗教等方面的差异，利害关系各异，双方的言辞都很尖锐，甚至还有人身攻击，使得整个会议充满了火药味和互不信任的气氛。眼看会议即将决裂的时候，持赞成意见的富兰克林适时地站了出来，他不慌不忙地对人们说：“事实上，我对这个宪法也并非完全赞成。”

此话一出，会议纷乱的情形立刻停止了，反对派人士都用怀疑的目光看着富兰克林。富兰克林停了一会儿，继续说道：“对这个宪法，我并没有信心，出席会议的各位，也许对于细则还有些异议，但不瞒各位，我此时也和你们一样，对这个宪法是否正确抱有怀疑态度，我就是在这种心境下来签署宪法的……”

经富兰克林这么一说，反对派的激动和不信任态度终于平静下来，他们反而想让时间验证一下它是否正确了。这样，美国的宪法终于顺利通过了。富兰克林正是利用“以退为进”的方法，先说一些对对方有利而对自己不利的话，使对方产生信任感，然后再顺势达到自己的目的。在市场上，我们要想打败强敌，这种策略不也正是我们的最佳选择吗？

顿悟舍得：

在获得成功的过程中，有无数的坎坷与障碍，需要我们去征服或跨越。懂得放弃，不跟对方硬拼，全面增强自身实力，使自己变得更加成熟，更加强大，然后再以己之强攻敌之弱，许多问题便会迎刃而解。这不仅是一种进退的策略，也是一种舍得的智慧。

7. 忍为天下先，让步天地宽

《说文解字》中说：“忍，刃于心也。”由此可见，忍是炎黄子孙多么难能可贵的品格。自古及今，真正的英才能雄霸一方，被冠以“英雄”之名的，大多能够以“忍”字垫于心底。

在中华大地上，自古就有忍让的先哲。曹刿“且慢，听其三鼓方可攻之”，是忍；孔明“躬耕于南阳，苟全性命于乱世”是忍；刘邦“明日蚤自去谢项王”是忍。然而，他们都已具备了一定的实力，为何还要留下一个“忍”字呢？因为他们明白，小不忍则乱大谋。若不忍，曹刿也能略胜敌军，但无法击之一溃；若不忍，诸葛亮或许也能小有名气，但绝不可能有统领千军的机会；若不忍，刘邦似乎也可于关中苦撑几日，但终不能一统天下，大获全胜。由此可以看出，忍是成就大事所必经的磨难。

有人曾经对“忍”字做了分析，说“忍”是心头上的一把刀，其实忍是对自身的一个更高的要求，厚积薄发。可是，又有多少人能真正达到这个境界？忍，绝非易事。而要以豁达的胸襟去面对挫折，这便是难上加难了。

忍是一种大智大勇的表现，它不计较一时的高低、眼前的得失，而是胸怀全局、着眼未来；忍是一种修养，它面对荣辱毁誉，不惊不喜，心静如水；忍是一种美德，它以宽广的胸怀，无私的心灵去容纳人、团结人、感化人。

忍者懂得以宽厚博大的胸怀去容纳别人的悖理举动，以宁静平和的心绪去感化他人浅薄的行为，再以无可争议的成功事业来警示世人。

曾有过这样一则新闻：在一次上班途中，某路公交车上的售票员碰到一位挑衅的乘客，那位乘客故意把一口痰吐在了车票上，之后扔在车厢地板上，其他乘客在谴责这个乘客的同时，也同样在悄悄地注视着售票员。只见售票员把那张票捡了起来，细心地用餐巾纸擦去上面的痰，接着微笑着把车票礼貌地递给了那位乘客。

这位售票员表现出来的这种忍让精神是多么可贵！在谴责那位不道德乘客的同时，我们不得不钦佩这位售票员。或许有人会对售票员的此举感到不理解，感觉售票员对这种人就应该以牙还牙。试想，如果售票员真的睚眦必报，也对他吐上一口痰，甚至再将那位乘客大骂一顿，这样势必会形成车内“龙虎斗”的局面。而这位售票员所做的恰恰相反，在受到侮辱的情况下，采取了克制、忍让的态度，而且依然以礼相待，用微笑来表示了公交售票员的诚挚无私，做到了以情感人，最终的结果不但赢得了乘客的赞扬，也让那位没礼貌的乘客自惭形秽，真诚地向售票员道了歉。我们不能说这位售票员这种“忍”的行为是软弱的，相反，它应该是一种最高尚的表现。

忍不等于软弱，忍是理性的以柔克刚、以退为进。而那些能忍者，一定具有坚强的意志，坚忍的性格，一定有良好的心理素质和高尚的道德品质，最终也一定会赢得大家的拥护和尊敬。

顿悟舍得：

忍让是一种深厚的涵养，忍让是一种善待生活、善待别人的境界，能够陶冶人的情操，带给我们心灵的恬淡和宁静。忍让不仅可以改善我们自己和社会的关系，并且还能让我们的心灵得到慰藉和升华。

8. 太强调个人，早晚要吃苦头

《孟子》有两句话：“将军不敢骑白马，亡人不敢夜揭烛。”它的主旨是：不要过于引人注目，否则很容易成为众矢之的。

越是锋利的宝刀，越不可轻易出鞘，如果自恃削铁如泥而不善加保护，不但锋芒会被磨损，更容易惹出祸患。所以越是有才华的人，就越要学会自我保护，否则就会使才华过早地埋没。

在一般情况下，忍住显示自己才智的欲望，可以获得更多的才能，保持不自满的心态也可以避免因为炫耀自己的才能，招致他人对自己的妒忌、诋毁、攻击乃至陷害。过于夸耀和显示自己的才智是不智之举。三国时的杨修有才，但他不知道保护自己，耐不住性子，总是在曹操面前显露出来，那不是自己找死吗？

就一般人而言，总是愿意大家彼此差不多，他好我也好，否则就会是“枪打出头鸟”。而这句话也是说那些在日常工作中因为有特殊才能，或有特别贡献而冒了尖的人，往往容易成为受打击的对象。古人云“木秀于林，风必摧之”，所以要是谁在哪一方面出人头地，便往往会受到坏人的攻击、嘲讽、指责。更有甚者，由于妒忌心重还可能给你使绊子，让你生活在一种无形的压力之下，时时处处都有障碍，让你人做不好，事干不成。可以说妒忌是人世间一种非常有害的心理，它可以使妒忌者自己形成一种非常丑陋的心态，使妒忌者走上一条狭窄的人生道路，也使受妒者受到极大的伤害。

在日常生活和工作中，这种妒忌却又是无时不有、无处不在，妒忌的形式也是多种多样的。朋友之间，同事之间，同学之间，甚而兄弟姐妹之间，也都会出现妒忌现象。由于每个人所处的社会环境和家庭环境不同，所获得社会和他人的认同也就相应不同。人在一起工作生活，自然要相互攀比，而妒忌也就是通过比较，看到他人的卓越之处，看到他人的成功之处，而使自己产生了羡慕、烦恼和痛苦，于是对别人的才能、地位、名誉优越于自己而产生了怨恨。受人妒忌绝非好事，所以即便你能力很强，也不要掩盖其他人的光芒，不要对别人的生存造成威胁。

有些人是自私的，你呼风唤雨，一定会惹来这些人的妒忌。表面上，他们或许阿谀奉承，甚至扮作你的知己和倾慕者，必然有人会锦上添花地向你说："看来，老板就只信任你一个！""唔，经理这个位置，非你莫属了！""嘿，他日一旦一人之下万人之上，千万别忘记我啊！""你的聪明才智，公司里没人可及啊！"切莫被美丽的谎言冲昏了头脑，聪明的人必须是理智的。你应该明白，这些人只是表面热情，私底下却恨你入骨。为了避免遭人放暗箭，请收敛你的得意之态，谦虚一点。你可以告诉他们："不要乱开玩笑，公司有太多人才呢。""我的意见只是一时灵感，没啥特别的！""我还有更多的东西要学。"

人当然应该尽己所能地发挥自己的能力，但行走社会，如果太强调个人而忽略了别人的存在，迟早是要吃苦头的。在一个团体里，个人能力太强，会掩盖其他人的光芒，使他们在相较之下黯然失色，于是会产生几种心理状态：怀疑自己的能力；对自己的处境感到不安。随之而起的便是自卫，表现出来的则是抗拒和攻击。抗拒是抵制你，拒绝和你合作；攻击则是找你的弱点和小辫子，加以渲染、扩大，中伤你、打击你，欲将你除之而后快。由于他们有这种心理，你当然就难以和他们相处了。

而且这种状况也会造成上司在领导上的难题——他要买你的账，又要安抚其他人的不平，多累！因此，虽然你的能力创造了你个人的荣耀，实际上已为你自己埋下了一枚又一枚的不定时炸弹。

能力强不是罪过，但很多人却因此常遭到排挤，反而容易不得志，这不能说是别人心胸狭窄，而是人类的自卫本能所造成的。因此在一个团体里与人共事，即使你能力很强，也必须注意：

1. 懂得谦卑。通常能力强的人容易在荣耀中自满、骄傲甚至目中无人，这是大忌，因此必须懂得谦卑、尊重别人，这样别人就不容易感受到你的威胁，至少不会处处与你为敌。

2. 适度收敛。有时表现十分的能力，有时则只表现八分，好让别人也有表现的机会。就好比一位超级球员，尽管个人得分能力超强，可有时也应给队友传传球，让大家也有机会表现。

许多人都知道“山外有山，天外有天，能人背后有能人”的道理，这是一种与人共事的艺术。

顿悟舍得：

真正聪明的人，不会自以为是，他们为人处世，以谦虚好学为荣。常以自己的无知或不如人而惭愧，以期能够得到更多的学习机会，向别人求教，丰富和完善自我是他们的目的。即使自己确有才智，也不会四处去出风头，不去刻意地炫耀或展示自己。

9. 适时忍耐，不逞一时之勇

人生的漫漫长路，风云变幻，难免危机四伏。为保全自己，打击对手，即使再愤怒，还是要做做样子，装装糊涂，麻痹对手，伺机而动才能咸鱼翻身。

玄烨8岁当上皇帝，那时他还是个什么都不懂的小孩。他的父亲顺治帝临死前，命4个满族大臣辅佐他处理国家大事。鳌拜虽位居4大臣之末，但掌握着兵权，他不断扩大自己的势力，而且性情凶残霸道。他有权有势，势力如日中天，皇帝成了他的附属品。

在康熙帝亲自执政后，鳌拜还是专横地把持着朝政，根本不把皇帝放在眼里。不但小皇帝对他十分痛恨，众大臣也是敢怒不敢言。

康熙帝想除掉鳌拜，但慑于他的权势，只好先装模作样。他用一切时间学习政治，用一切机会实践政治。同时，他还要做出依然不懂事的样子，傻玩傻闹，绝不让鳌拜看出他的真实想法。

有一次，鳌拜和另一位辅政大臣苏克萨哈发生争执，他就诬告苏克萨哈心有异志，应该处死。这时，康熙帝名义上是已经亲政的皇帝，鳌拜先要向他请示。康熙帝明知道这是鳌拜诬告，就没有批准。这可不得了，鳌拜在朝堂上大吵大嚷，卷着袖子，挥舞拳头，闹得天翻地覆，一点儿臣下的礼节都不讲，最后，还是擅自把苏克萨哈和他的家眷杀了。

从此以后，康熙帝下决心要整顿朝政。为了擒拿鳌拜，他想出一条计策。

康熙帝在少年侍卫中挑了一群体壮力大的留在宫内，让他们天天练习扑击、摔跤等拳脚功夫。空闲时，他常常亲自督促他们练功、比武，而且消息一点儿都没有走漏出去。

有一天鳌拜进宫奏事，康熙帝正在观看少年侍卫练武，只见少年侍卫正在捉对儿演习，一个个生龙活虎，皇帝还在场外指指点点。

康熙帝看见鳌拜来了，大吃一惊，心想坏了，如果被鳌拜看出破绽，那别说皇位坐不安稳，就连命也要赔进去了。他灵机一动，故意站起身走进场去，笑着夸奖这个勇敢，奚落那个功夫不到家，说："来，你和我打一架，看看我的功夫。"一派贪玩的少年形象。

鳌拜一看皇帝如此胡闹，心中暗笑，看来这大清的江山永远是我鳌拜的了。鳌拜走近康熙帝，刚要奏事，康熙帝却摆摆手说："今天玩得痛快！有事先不要说，等我……"

鳌拜连忙说："皇上，外庭有要事奏告。皇上下次再玩吧。"康熙帝这才恋恋不舍地和鳌拜进殿去了。

过了一段时间，少年侍卫们的武艺练习得有了长进，鳌拜的疑心也全消除了，这时，康熙帝决定动手除奸。这天，他借着一件紧急公事，召鳌拜单独进宫。鳌拜哪里有防备，骑着马大摇大摆地进宫了。

康熙帝早已站在殿前，一见鳌拜走来，便威武地喝道："把鳌拜拿下！"只听得一阵脚步响，两边拥出一大群少年侍卫，一齐扑向鳌拜。

鳌拜不一会儿就被众少年掀翻在地，捆缚起来，关进大牢。

康熙帝用隐忍之法，除掉了这个朝廷祸害，显示了他少年有为、有勇有谋的皇帝风范。

顿悟舍得：

不要为了一时的怒气而逞一时之勇、图一时之快，不考虑后果，甚至忘记自己是谁！当忍则忍，留得青山在，才有东山再起的资本。

卷五 舍弃贪婪心，换得宁静来

你会因为得到权势金钱而快乐，但同时也会为得到太多、拥有太多而寝食难安。你会为舍弃金钱名位而痛苦，但也可能因放下对这些过于狂热的追求而变得踏实平静。所以，权势金钱与快乐幸福并不一定成正比，生活最终还是需要内心的平静。不要太贪婪，你原本就不需要太多，只需要快乐。

1. 没必要把生活弄得那么复杂

在物欲横流的当今社会中，许多人都在为金钱、权力、地位拼命，觉得自己得到的越多，就会活得更快活。殊不知，在短暂的人生旅途上，无论步行还是搭载车辆，超重的行李都会阻止自己向“快乐”的终点进发，在这个过程中，你失去的将会更多。

相反，如果你懂得满足，学会从简单的生活中寻找到乐趣，那才是人人羡慕的“活神仙”。

一个商人坐在海岸边一个小渔村的码头上，看着一个渔夫划着一艘小船靠岸，小船上有好几尾大黄鳍鲔鱼。商人对渔夫能捕到这么高档的鱼恭维了一番，问他要多长时间才能捕到这些鱼。渔夫回答：“不一会儿的工夫就捕到了。”商人又问：“为什么不多待一会儿，再多捕一些呢？”

渔夫不以为然地说：“这些鱼已经足够我一家人生活所需了！”商人又问：“那么你每天剩下那么多时间都在干什么呢？”渔夫解释说：“我每天睡到自然醒，出海捕几条鱼，回来后跟孩子们玩一玩，再睡个午觉，黄昏时到村子里喝点儿酒，跟朋友们玩玩吉他，日子过得既充实又忙碌。”

商人帮他出主意说：“你应该每天多花一些时间去捕鱼，挣了钱再买更多的渔船。然后你就可以拥有一个船队，到时候就不用把鱼卖给鱼贩子，而可以直接卖给加工厂，或者自己开一家罐头厂，这样你可以控制整个生产、加工处理和行销过程。生意做大了你可以离开这个小渔村，搬到洛杉矶，再到纽约，在那里继续经营并不断扩充你的企业。”

渔夫问：“这要花多少时间？”商人回答说：“15到20年。”渔夫问：“然后呢？”商人说：“然后你就运筹帷幄，时机一到，就宣布股票上市，把你公司的股份卖给投资大众，这时候你就发大财了！”

渔夫问：“再然后呢？”商人说：“到那个时候你就可以退休了，可以搬到海边的小渔村去住。每天睡到自然醒，出海随便抓几条鱼，跟孩子们玩一玩，再睡个午觉，黄昏时，到村子里喝点儿酒，跟朋友们玩玩吉他！”渔夫不以为然地说：“有那么复杂吗？我现在不是正在享受这种生活了吗？”

是啊，我们完全没必要把生活弄得那么复杂，简单、快乐才是生活的真谛。可现实生活中，像这位商人这样活得很累的人不在少数，他们常常把本来非常简单的事情想得很复杂。这样一来，他们不仅不会有多少快乐，还会在疲惫中走完整个生命历程。

那么我们怎样才能快乐地过完这一生呢？答案是，保持一颗年轻的心，过着简单轻松的日子。即使岁月无情地染白了我们的头发，但我们依然活得轻松自在。

奥利弗·霍尔姆斯在80岁的时候，看起来仍旧像个20岁的小伙子，于是人们纷纷向他请教永葆青春的秘诀。他一针见血地指出：“青春的永驻来自愉快的态度和自我满意的心态。我从来没有感到愿望得不到满足的痛苦。躁动、野心、不满、忧虑……所有一切颓废的感觉都会使皱纹过早地爬上额头。皱纹不会出现在微笑的脸庞上。微笑是年轻的讯息，自我满足是年轻的源泉。”

如今的年轻人大多具有一种永不满足的尽头，有上进心是值得赞赏的，但过度的不满足就是贪婪。如果不惜任何代价地追逐虚名、地位和个人的权势，却不懂得以知足的心态来享受生活的高尚和美好，最终必然为这种野心与虚浮所累，从而过早地损耗了自己的生命，那才是得不偿失！

现实生活中，活得很累的人不在少数，他们常常把本来非常简单的事情想得很复杂。这样一来，他们不仅不会有多少快乐，还会在疲惫中走完整个生命历程。其实，我们完全没必要把生活弄得那么复杂，因为简单、快乐才是生活的真谛。

2. 有时钱财会让你寝食难安

大家都知道，美国石油大王洛克菲勒是标准石油公司的创始人，也是资本主义原始积累时期资本家的典型代表。为了聚敛财富，他的每一次行动都充满了血腥，使许多企业破产倒闭，又使许多人倾家荡产！他以追逐金钱为人生最大的快乐，赚了很多的钱，同时也收获了无数人的仇恨。在很多人的心中，他简直就是恶魔的化身。

退休后，洛克菲勒对以前所做的事感到深深的悔恨和愧疚。经过痛苦的反思之后，他终于明白了金钱并不等于快乐。为了确保他的子孙在社会上不像他那样臭名昭著，他决定将慈善事业作为自己晚年的追求。他先捐献给美国普通教育委员会 1000 万美元，一年后又追加了 3200 万美元，这笔资金共为南方兴建了 1600 多所中学。当南方深受钩虫病影响时，他拿出 100 万美元，成立了洛克菲勒卫生委员会，使钩虫病得到了控制。

为了开创一项永久性慈善事业，他组成了洛克菲勒基金会。基金会成立后，曾资助医疗人员向世界范围内的流行病进攻，包括疟疾、黄热病等。后来，还在中国创办了协和医院。

晚年的洛克菲勒追求慈善事业，不再沉迷于聚敛财富，而是经常向路人施舍金钱。他在这样的晚年生活中，终于找到了失去已久的快乐。

后来，一个著名的新闻记者在采访洛克菲勒时，问他为什么这样热衷于慈善事业。

洛克菲勒没有正面回答，只是微笑着讲了下面这个故事：

有个富翁，他有许多财富，一直很幸运。然而令他烦恼的是，他有一个一天到晚爱唱歌的邻居，使他得了失眠症。最后富翁想了一个办法让他的邻居安静下来。

一天，富翁把邻居请到家里，问："你一定很快乐，是吗？"

"是呀是呀，我有一个非常善良能干的妻子，能不快乐吗？"邻居说。

"你一定也有很多的钱了？"富翁问。

"很惭愧，一点儿也没有。不过正因为如此，我才无所贪求。"

"你不希望有很多钱吗？"

"有钱当然会使生活过得好一些，比如像您……"

"那么我送你 5 万美元吧，希望你谨慎使用，不到万不得已时不要花掉。"富翁嘱咐道。

邻居谢过富翁，高兴地拿着钱走了。"是的，这些钱一定要好好保存，留到需要时再用。"

回到家后，邻居把这一袋钱埋到了地下。从此，他的快乐也随着金钱一块儿被埋掉了。每晚睡下后，他都提心吊胆，生怕有小偷进来挖走了钱袋。哪怕有一只猫从屋中走过，他也会吓出一身冷汗，哪里还有心思唱歌呢？

白天他提心吊胆，夜晚他草木皆兵。失眠、忧虑，他开始感到痛苦不堪。而那个富翁呢，倒是实实在在地睡了一段时间的好觉。

终于有一天，邻居把那一袋钱又还给了富翁，他说："这令我寝食不安的钱还给你吧，即使给我 100 万美金，我也不想放弃我的歌唱和我的睡眠。"

后来，新闻记者发表了对洛克菲勒的采访，题目是《金钱与快乐》。其中写下了这样的一段话：金钱可以买到房屋，但买不到家；金钱可以买到珠宝，但买不到美；金钱可以买到药物，但买不到健康；金钱可以买到纸笔，但买不到文思；金钱可以买到书籍，但买不到智慧；金钱可以买到献媚，但买不到尊敬；金钱可以买到伙伴，但买不到朋友；金钱可以买到服从，但买不到忠诚；金钱可以买到权势，但买不到学识；金钱可以买到武器，但买不到和平；金钱可以买到小人的心，但买不到君子的志气；金钱可以买到享乐，但买不到快乐。

顿悟舍得：

你会因为得到金钱而快乐，但同时也会为得到太多的金钱而寝食难安。你会为舍弃金钱而痛苦，但也可能因放下对金钱无止的追求而变得踏实平静。所以，金钱与快乐并不一定成正比，舍得之间还需把握分寸。

3. 贪婪会让你的人生充满负担

在人性的弱点中，贪婪可谓是首当其冲。明明已经吃到了一只兔子，还要在那里等着第二只、第三只自投罗网。殊不知，第一只兔子就已经是一种馈赠了，还妄想让自己的贪婪开花结果，简直就是得寸进尺了。可是让我们感到无奈的是，很多人都在犯那个守株待兔的错误，而且还有越来越多的人加入到这个行列中来。

古代，有一个穷人，很善良，经常用自己并不富裕的家产帮助周围的邻居渡过难关。后来这件事情被天上的神仙知道了，就派一个仙人下凡来帮助他。

这天，这个人正在扫院子，外面来了一位乞丐，向他乞讨，他立刻把乞丐请进院子，然后到厨房给他盛了一碗热粥，怕乞丐吃不饱，还拿了最后一张饼给他。乞丐狼吞虎咽地吃完这些，很感激地道谢，并且让他去院子外面找一些小石子回来。他不知何意，但还是去了，不大一会儿就找回来了一包小石子，递给了乞丐。只见乞丐用手指轻轻地点了一下小石子，又念了一通咒语，突然，那包小石子变得金灿灿的，竟然变成了一包金子。他激动得说不出话来。乞丐也摇身一变，成了一位仙人。仙人说自己是看他善良所以下凡来赏赐他的，说完后就不见了。

然后，那个人开始在院子里对着金子发呆，嘴里埋怨自己：

“早知道他能点石成金，我就多找些石子回来，我要把附近所有的石子都找回来。”不仅如此，他心里开始悔恨，还想着，如果自己也有那根点石成金的手指该多好。从此他变得闷闷不乐，郁郁寡欢了。

看完这个故事，不知道有多少人也在想，早知道可以这样，把全世界的石子都搬过来，还有人在琢磨那根手指要怎么修炼，而这也正是大多数人的可悲之处。

生活中本来有很多乐趣，本来乐善好施、乐于助人已经让人很快乐了，即使不富有，照样也享受着生活的美妙，偏偏因为那一包金子，顿时生活全变了。其实，换一个角度想，本来没有金子的时候，生活很开心，现在有了金子，应该可以做更多的事情，可以帮助更多的人，应该变得更快乐，为什么非要让贪婪的本性掩盖住快乐的生活，让贪婪把生活熏成黑色呢？

有这样一个小孩，人们都说他太傻，因为如果有人同时给他 5 毛和一元的硬币，他总是选择 5 毛的，不要一元的。有个人不相信，就拿出两个硬币，一个一元，一个 5 毛，叫那个小孩任选其中一个，结果那个小孩真的挑了 5 毛的硬币。那个人觉得很奇怪，就问那个孩子：“难道你不会分辨硬币的币值吗？”

这时孩子低声说：“如果我选择了一元钱，下次你就不会跟我玩这种游戏了！”

这个孩子的聪明之处其实就在这里。的确如此，如果他选择了一元钱，就没有人愿意继续跟他玩下去了，而他得到的，也只有一元钱。但他拿 5 毛钱，把自己装成傻子，于是傻子当得越久，他就拿得越多，最终他得到的将是一元钱的若干倍！所以，在现实生活中，我们完全可以向这个“傻小孩”看齐——不要一元钱，而取 5 毛钱！

贪婪也许可以暂时让你获得一些小利，但是这种利益绝不会长久。每个人生存、生活所必需的东西其实一点点就已足够，但是快乐的心情却是多多益善的。有的人不明白这样的道理，宁愿背负贪婪之心使自己的人生充满负担，也不愿意以一颗淡然平和的心去享受生活。现代社会到处都充斥着这些现象：人际关系一次用完，做生意一次赚足。以为自己这样做是聪明，殊不知这都是在把自己推得离快乐的人生越来越远！放下这种聪明，如果你能一直拥有那个小孩一样的“傻”，会让你得到更多的回报。

顿悟舍得：

人人都想不断拥有，很少有人想到贪得多、失得也会更多。贪婪是有魔力的，它让你不会思考以后，以至于看不清眼前的危险，掉进脚下的陷阱。别太贪多，生活给你的已经足够，想要得太多只会给自己增加心理负担。

4. 不计利益得失的人，上天往往不会亏待他

由于利益的驱使，很多人的道德都在渐渐地沦丧，轻则占小便宜，做些损人利己的事情，或是玩弄权术，明修栈道暗度陈仓；重则以身试法，跨越雷池，违反法度，徇私枉法。有时候想想，“利益”真是个强大的东西，它可以让人们不惜冒险，甚至“视死如归”。利益是很诱人，可是，为了利益放弃更重要的东西，比如快乐、幸福、宁静的内心，实在是得不偿失。

其实，这世间的很多快乐都和利益无关。那些为了追逐利益而身心俱疲的人，永远也欣赏不到朝阳铺满天空时的美丽灿烂，永远也无心仰望夜幕中璀璨的群星。他们利欲熏心，看世界都是灰暗的，内心又怎能快乐呢？只有把利益舍下，真正用心去做自己喜欢做的事情，认真地对待生命中的每一天，真诚地待人接物，与人相处，才是通往快乐的最佳途径。

也许有一天，当你放下利益的纠缠，平心静气地为了追求生活中最原始的美好和真诚而努力时，你收获的比你任何时候曾收获到的都要多。不要让利益遮住你的眼睛，这样，你才能欣赏到更美的风景。

乔乔是公司新来的职员，为人细心，做事勤快，随叫随到。所以虽然来得不久，但是很受欢迎。有一次，部门经理要出差，出差前随便交代了一下：“下周别的公司到咱们公司来考察，

搞得好的话，会成为我们公司的合作伙伴，你们商量着做一些宣传海报、宣传板之类的摆在大厅里，最好是有些创意，让对方看了觉得咱们很认真对待他们的考察。”说完后就急匆匆地上了车，也没有交代这件事具体谁负责。

几天过去了，大家依然平静地做着自己的工作，谁都没有过问宣传海报的问题。乔乔坐不住了，就过去问王主任，王主任笑着说：“乔乔啊，你还真是实诚啊，经理又没有说让谁负责，也没有讲清楚算不算加班补助，你说让谁做啊？再说，大家都有正常工作，耽搁不了。”然后就回头做自己的事情了。

乔乔想了想，小心翼翼地问：“如果经理回来问了怎么办呢？”王主任不耐烦地说：“法不责众，他也没说谁负责，大家不吭声就行了，再说了，一个公司来考察而已，也值得这样兴师动众吗？你害怕的话，你去做好了，不给你算绩效，你可别埋怨。”

下班回家的路上，乔乔一直在想，自己的好朋友有学广告设计的，可以去请她帮忙，大家都不愿做，但总要有人做。于是她就连夜买好材料，请朋友策划创意。连着忙了几天，终于在周末之前大功告成。

周一的时候，她找了辆出租车，把东西运到公司大厅，一一摆好，看着自己的劳动成果，她心里说不出的满足。还真是巧，过了不多久，经理慌慌张张地打电话，说来考察的公司改变行程了，要提前来，半个小时之后就到公司了。这下公司乱套了，什么也没准备。乔乔笑着说：“主任，我已经做好了那些宣传海报和宣传板，你下楼看看行不行。”主任惊讶地看着她，心想：“这小姑娘图什么啊，又没有指定负责人，况且公司最近也没什么升迁计划……”

下午快下班的时候，部门经理兴高采烈地说要请大家吃饭，说做的这个宣传太好了，对方很欣赏公司的宣传创意和眼光，很快就签了合作协议。然后经理突然叫乔乔到前面来，宣布了一个让大家跌破眼镜的决定：任命乔乔为经理助理，直接升三级。原来，合作考察是真，不指定负责人是假，就是想借这个机会找到一个真心做事的人提拔为经理助理。这下轮到其他人傻眼了。

是的，把利益摆在前面的人，往往得不到他想要的，而只是踏实做事、不计较利益得失的人，上天往往不会亏待他。也许这就是生活给予的一种馈赠吧。利益得失并不是一个人做事的标尺和准则，做事出于真心才能收获到满足和快乐。一颗不掺杂的心往往能得到远非利益两字可以衡量的东西，只有看透了这一点，才能舍下“利益第一”的观念，才能拥有一个真正有收获的人生。

顿悟舍得：

当你放下利益的纠缠，平心静气地为了追求生活中最原始的美好和真诚而努力时，你收获的比你任何时候曾收获到的都要多。不要让利益遮住你的眼睛，这样，你才能欣赏到更美的风景。

5. 许多附加的东西只是徒增无谓的负担

相传，有一次苏格拉底带着他的学生来到了一个山洞里，学生们正在纳闷，他却打开了一座神秘的仓库。这个仓库里装满了放射着奇光异彩的宝贝。仔细一看，每件宝贝上都刻着清晰可辨的字，分别是：骄傲、嫉妒、痛苦、烦恼、谦虚、正直、快乐……这些宝贝是那么漂亮、那么迷人。这时苏格拉底说话了："孩子们，这些宝贝都是我积攒多年的，你们如果喜欢的话，就拿去吧！"

学生们见一件爱一件，抓起来就往口袋里装。可是，在回家的路上他们才发现，装满宝贝的口袋是那么沉重，没走多远，他们便感到气喘吁吁，两腿发软，脚步再也无法挪动。苏格拉底又开口了："孩子们，还是丢掉一些宝贝吧，后面的路还很长呢！""骄傲"丢掉了，"痛苦"丢掉了，"烦恼"也丢掉了……口袋的重量虽然减轻了不少，但学生们还是感到很沉重，双腿依然像灌了铅似的。

"孩子们，把你们的口袋再翻一翻，看看还有什么可以扔掉一些。"苏格拉底再次劝那些孩子们。学生们终于把最沉重的"名"和"利"也翻出来扔掉了，口袋里只剩下了"谦逊""正直"和"快乐"……一下子，他们有一种说不出的轻松和快乐。

人的欲望就像个无底洞，任万千金银也是难以填满的。欲望是需要用“度”来控制的。人具有适当的欲望是一件好事，因为欲望是追求目标与前进的动力，但如果给自己的心填充过多的欲望，只会加重前行的负担。人贪得越多，附加在心上的负担也就越重，可明知如此，许多人却仍然根除不了人性劣根的限制。对于真正享受生活的人来说，任何不需要的东西都是多余的。适当放下是一种洒脱，是参透人性后的一种平和。背负了太多的欲望，总是为金钱、名利奔波劳碌，整天忧心忡忡，又怎么能有快乐呢？只有放下那些过于沉重的东西，才能得到心灵的轻松。

一个人需要的其实十分有限，许多附加的东西只是徒增无谓的负担而已，人们需要做的是从内心爱自己。曾有这么一个比喻：“我们所累积的东西，就好像是阿米巴变形虫分裂的过程一样，不停地制造、繁殖，从不曾间断过。”而那些不断膨胀的物品、工作、责任、人际、家务占据了你全部的空间和时间，许多人每天忙着应付这些事情，早已喘不过气来，每天甚至连吃饭、喝水、睡觉的时间都没有，也没有足够的空间活着。

拼命用“加法”的结果，就是把一个人逼到生活失调、精神濒临错乱的地步。这时候，就应该运用“减法”了！这就好像参加一趟旅行，当一个人带了太多的行李上路，在尚未到达目的地之前，就已经把自己弄得筋疲力尽。唯一可行的方法，是为自己减轻压力，就像扔掉多余的行李一样。

著名的心理学大师荣格曾这样形容：“一个人步入中年，就等于是走到‘人生的下午’，这时既可以回顾过去，又可以展望未来。在下午的时候，就应该回头检查早上出发时所带的东西究竟还合不合用，有些东西是不是该丢弃了。理由很简单，因为我们不能照着上午的计划来过下午的人生。早晨美好的事物，到了傍晚可能显得微不足道；早晨的真理，到了傍晚可能已经变成谎言。”或许你过去已成功地走过早晨，但是，当你用同样的方式走到下午时，却发现生命变得不堪负荷，坎坷难行，这就是该丢东西的时候了！

旁观者清，当局者迷。对于人性的弱点，每个人都有足够的了解，而一旦置身其中选择取舍时往往就不是那么一回事了。这不是“不识庐山真面目，只缘身在此山中”，而是人性的一种悲哀。人生中该收手时就要收手，切莫让得到也变成了另外意义上的失去。合理地放弃一些东西吧，因为只有这样我们才能得到更珍贵的东西。

顿悟舍得：

拼命用“加法”的结果，就是把一个人逼到生活失调、精神濒临错乱的地步。这时候，就应该运用“减法”了！这就好像参加一趟旅行，当一个人带了太多的行李上路，在尚未到达目的地之前，就已经把自己弄得筋疲力尽。唯一可行的方法，是为自己减轻压力，就像扔掉多余的行李一样。

6. 做金钱的奴隶，还是做金钱的主人

根据小仲马同名小说改编的歌剧《茶花女》中有这样一句话:“金钱是好仆人、坏主人。”是做金钱的主人，还是做金钱的奴隶，这是两种不同的金钱观念。金钱观是对金钱的根本看法，它和人生观紧密相连，构成了一个人看待事物的态度。有人认为“金钱至上”，从个人的私利出发，把金钱放在至高无上的地位，一切向钱看齐，只要能够获得金钱，可以不择手段；有人认为“金钱万能”，把金钱的作用夸大了，鼓吹着“有钱能使鬼推磨”“金钱决定一切”等等，这些观念都不可取，对金钱的认识显得片面，没有客观地看待金钱的作用。

金钱买得到漂亮的衣服，但是买不到似水年华；金钱买得到高楼大厦，但是买不到天伦之乐；金钱买得到安逸舒适的生活，但是买不到健康长寿。对于金钱我们应保持客观正确的认识，持一种平常的心态看待它，否则可能造成无法弥补的错误，到时候悔之晚矣。

生命不是钱，而是无价之宝，是不能用金钱来买卖的。但是有些人却将金钱看得过重，视生命犹如草芥，为了钱甘愿牺牲生命。社会上的三教九流，五花八门，无不是为了钱，甚至有些人置生命于不顾，只因“人为财死，鸟为食亡”。金钱生不带来，死不带去，何必为此苦苦追求，苦苦挣扎。然而，对于其中的道理，却少有人能够看透。

对待金钱，人们往往存有一种误区，不能够从其中超脱而出，

客观地看待金钱的魅力。为了金钱，总是会做出些超乎寻常的事情，甚至有些让人难以置信。只是为了得到金钱而已，在金钱之中迷失了本性。

对金钱的爱恨情仇，对金钱的推崇畏惧，对金钱的虚荣与盲目，在金钱面前的痴狂、丑态、罪恶、扭曲，在金钱面前的扭捏、腼腆、拘谨，在金钱面前的狂妄、嫉妒、失衡这些都是一种畸形的金钱观念。

在这个世界上，能够真正将金钱看淡的没有几个人，人们都在为获得金钱而痛苦挣扎，汲汲营营，心中存满了贪念与执着。总是希望获得更多的金钱，获得更多的财富，享受更多的金钱待遇。于是为了实现这些目标，开始不择手段，不问金钱的出处，只要能够增加自己的财富，做什么都可以。于是，社会上出现了坑骗、偷窃、拐卖的事件。

由于内心对金钱充满了贪婪，对此达到了痴狂，于是，在金钱的面前，一切丑态都显现出来。其实，钱多了花不了，生死都不能随身携带，再多的金钱，当百年之后，尘归于尘，土归于土，如此执着、贪婪有何意义呢？

对金钱保持一种平常心态。有，开开心心地消费；无，潇潇洒洒地生活；多，舒舒服服地享受；少，辛辛勤勤地工作。对金钱有一个清醒透视，充分认识到它的价值已经足矣，不需为此苦苦追求，这才是聪明人的做法。

顿悟舍得：

金钱买得到漂亮的衣服，但是买不到似水年华；金钱买得到高楼大厦，但是买不到天伦之乐；金钱买得到安逸舒适的生活，但买不到健康长寿。对于金钱我们应保持客观正确的认识，持一种平常的心态看待它，否则可能造成无以弥补的错误，到时候悔之晚矣。

7. 谁能舍下名利，谁就拥有洒脱

远离名利，不但可以明哲保身，还可以享受到只有自己才能体会到的快乐。毕竟，一颗自得其所的心才是我们最应该追求的人生境界。千金易得，知音难求；知音易得，一份淡然的心态也难寻觅。可以说，谁舍下了名利的追逐，谁就真正拥有了超脱，人生一切，于他来说，尽揽于怀。

越王勾践灭吴之后，班师回国，群臣设宴庆功。有人作曲称赞文种、范蠡之功，群臣都非常高兴，但是唯独勾践一脸不悦。范蠡觉察到了越王的情绪反映，立刻明白了一切，心中想："越王能够为了灭掉吴国，忍辱负重，卧薪尝胆；如今夙愿已偿，却嫉妒臣下之功，可见其心胸之小。威名之下，难以安居，若不尽早离去，恐难保身。"想到这里，他便决定急流勇退。

次日，范蠡拜见了越王，将自己的想法言明："年少时，大王受辱于会稽，臣下就想以死报效君王，无奈大王大事未成，臣隐忍一时，只为使越国变得强大，如今吴国已灭，如果大王能够赦免臣会稽当诛之过，臣愿辞官退隐。"

越王面对此事，表情凄然，规劝道："寡人今日之成就全仰仗于先生之功，我愿与先生共享富贵荣华。"范蠡久在越王身边，对越王的为人十分清楚，知道这只是越王的虚词，于是断然对越王道："君行其法，我行其意。死生惟王，臣不顾矣。"

当天晚上，范蠡便不辞而别。

范蠡离开是非之地后，因为感念文种的知遇之恩，于是修书一封，劝说道："狡兔死，走狗烹；飞鸟尽，良弓藏；敌国破，谋臣亡。越王为人，长颈鸟喙，可与共患难，不可与共荣乐，先生何不速速出走？"文种看了书信之后，回想起越王在称霸之后的行为，好像在渐渐地与旧日群臣疏远。此时，文种才醒悟到一切，于是称病不理朝政，然而一切都为时已晚！

越王素知文种的才能，不能容忍他，于是在他人诬告文种图谋作乱时，就赐以利剑，结束了文种的生命。

范蠡辛苦辅佐了越王勾践20年，他帮助勾践灭了吴国，一雪会稽之耻，但是却拒绝与越王共享富贵，在仕途达到顶峰之时，泛海经商，以享终年。而文种没有范蠡的远见，没有功成身退，最后落得惨死在勾践的猜忌之下。

淡泊名利，是智者的选择，超脱权势的束缚，是聪慧之人的抉择。如若将名利得失抛却，将利弊权衡清楚，那么，想要享受生活的乐趣也就并非难事了。

顿悟舍得：

千金易得，知音难求；知音易得，一份淡然的心态也难寻觅。可以说，谁舍下了对名利的追逐，谁就真正拥有了超脱，人生一切，于他来说，尽揽于怀。

8. 将光环让给别人，把自在留给自己

平和的心态是人们在生活中经过千锤百炼而达到的一种崇高的境界，一种高深的修养。具有平和心态的人，能够正确地看待人生，他们不会为权力、地位、金钱的诱惑而放弃人生的道德准则，他们的心境坦然而又平实。拥有平和心态的人，可以永远保持悠然恬静、健康从容的身心。

被西方誉为“美国国父”的乔治·华盛顿，就是一位心胸坦然、心态平和的人。

美国独立战争胜利后，华盛顿以他拒当国王的行动，维护了共和制，迈开了创建民主共和制国家的坚实的第一步。第二步，他主持制宪会议，制定出具有丰富民主因素的《美国宪法》。1787 年的《美国宪法》是世界上第一部完整的资产阶级成文宪法，是一部进步的、稳定的、受历代美国人民尊重的宪法。

1789 年 2 月，华盛顿当选为总统。此时的华盛顿在给妻子的信中写道：“你应当相信我，我以最庄严的方式向你保证，我没有去谋求这个职位。相反，我已经尽我所能竭力回避它，除了因为我不愿意与你和家人离别，更重要的是，因为我自知能力不足，难以胜任此重任。我宁愿与你在家中享受一个月人间的天伦之乐，这比我在异乡待 49 年所能找到的欢乐要多得多。既然命中注定委任于我，我希望能够通过接受此任来实现某种

崇高的目的……这个秋天我一定安然无恙地回到你的身边。我不会因为征战的艰辛和危险而感到痛苦。你独自一个人在家里，我知道你会感到不安，这将使我忧心忡忡。正因为如此，我求你鼓足勇气，尽可能欢度时光。再也没有什么比你的亲笔信更加让我心满意足。"

两个多月后，他到临时首都纽约，准备上任。这时却冒出一个上"尊号"问题。原来，参议院中的一些人提出，为了表示对华盛顿的尊敬和谢意，除了"总统"这一称号，还应再献上一个"尊号"。于是，"民选的君主陛下""民选陛下""最仁慈的殿下""合众国权力的保卫者""合众国总统殿下""美利坚合众国总统殿下"和"美利坚合众国权力的护国主"等"尊号"便被提出来了。有人还称，副总统、参议员和众议员也应有相应的"尊号"。一些已当选的虚荣心极重的官员，对此事异常热心。一时之间闹得沸沸扬扬。华盛顿不赞成用"尊号"，对上"尊号"的人极为厌烦。他认为，无论给总统添加什么"尊号"，都会带来负面影响。直接的后果是引起拥护共和制的人们的怀疑和忧虑，使他们对总统和新政府失去好感。由于华盛顿的反对，加之众议院有不同的意见，最后参、众两院决定按宪法规定的正式称号，直呼华盛顿为"合众国总统"，不加其他任何"尊号"。这一称呼从此成为定式，沿用至今。

在华盛顿看来，由选举产生的各种官员都必须实行任期制，这是民主的一个重要体现。既然 1787 年美国宪法规定总统任期为 4 年，期满卸任，理所当然。华盛顿说："依我看，除非道德败坏、政治堕落已到不可救药的地步，否则总统延长任期的阴谋，绝无可能得逞。哪怕一时片刻，亦无可能——更不必说永久留任了。"作为第一任总统，华盛顿的任期应至 1793 年 3 月 3 日结束。他不仅做好了期满卸任的准备，而且提前宣布不谋求竞选连任总统。他之所以做出这种选择，固然与厌倦党派斗争、身体状况欠佳有关，但更重要的是他希望为“民选官员的更迭”树立一个榜样，为建立民主共和制的试验画上一个圆满的句号。他认为，如果一直到停止呼吸才由副总统继任，这不就是终身制了吗？那和君主政体又有什么区别呢？虽然由于各方面的拥护与要求，华盛顿又担任了一届总统，但在第二届任期结束前一年，他就明确表示绝不再连任。

1796 年 9 月，他出人意料地在费城一家报纸上刊登告别演说辞，向公众正式表达他的这一意愿。次年 3 月 3 日，在告别晚宴上，他“最后一次以公仆的身份为大家的健康干杯”。6 天后，他带领家人踏上返回自己庄园的归程。

其实，《美国宪法》只规定了每届总统的任期，并未对总统连任规定任何限制。从华盛顿的情况看，他若想连任下去不会有什么问题，甚至思想激进、民主意识鲜明的杰弗逊也曾认为华盛顿可以成为终身总统。但为了更圆满地实践民主共和制，华盛顿以自己的行动排除了总统终身制。这就开创了总统任职以两届为限的先例。在美国历史上，只有富兰克林·罗斯福连任四届总统。但这是特殊时期的一个特例。况且第二次世界大战后，美国国会通过宪法第 22 条修正案，重新恢复华盛顿以实际行动立下的老规矩，明文规定：“任何人不得被选任总统两届以上。”

华盛顿离职以后，将自己离职以来的感受以明快的笔调告诉了大西洋彼岸的拉法叶特：“亲爱的侯爵，我终于成了波托马克河畔的一位普通的老百姓了，在我自己的葡萄架下乘荫纳凉，听不到军营的喧闹，也见不到公务的繁忙。我此刻正在享受着宁静而快乐的生活。而这种快乐是那些孜孜不倦地追逐功名的军人们，那些朝思暮想着图谋划策、不惜灭他国以谋私利的政客们，那些时时刻刻察言观色以博君王一笑的大臣们所无法理解的。我不仅仅辞去了所有的公务，而且内心也得到了彻底的解脱。”华盛顿退休之后安详平和地在乡间过着逍遥自在的田园生活，他做着自己爱做的事情，诸如农田实验、环境布置，甚至还提出并实施了美国西部开发的计划。在拥有大量私人时间的条件下，他能够最大限度地享受个人的心理空间。

权力、地位、财富，很少有人能够抵挡住它们的诱惑，而华盛顿不为所动，放弃了自己称帝，拒绝了许多手下向其献媚的冠冕堂皇的称呼，对于权力并不沉迷，这一系列的行为没有平和的心态是不可能做到的。正因如此，他得到了美国人深深的怀念和长久的尊敬。

当心态有了平和而又不失进取的弦音时，许多棘手问题便可迎刃而解。问题解决之后，还可以从容身退，将光环让给别人，把自在留给自己。

顿悟舍得：

平和的心态是人们在生活中经过千锤百炼而达到的一种崇高的境界，一种高深的修养。具有平和心态的人，能够正确地看待人生，他们不会为权力、地位、金钱的诱惑而放弃人生的道德准则，他们的心境坦然而又平实。拥有平和心态的人，永远可以保持悠然恬静、健康从容的身心。

卷六

错的莫坚持，放弃是明智

有一句话说得好："一个人，走到最后，生命有大写意，不过是在最紧要的时刻，正确地选择过；胸藏大丘壑，不过是在最关键的时候，决绝地放弃过。"太多的人不习惯于放弃，只知道盲目地坚持，最终却葬送了自己。人生最聪明的事就是知道何时该放弃，明智地放弃，慎重地选择，这样的人生才有出路可言。

1. 在关键时刻，要果断地舍弃

古语曰："鱼与熊掌不可兼得。"所以有时候你要懂得舍弃，方能获得你想要的东西，而你舍去的东西就是代价。

一个孩子在山里割草，被毒蛇咬伤了脚。孩子疼痛难忍，而医院在远处的小镇上。孩子毫不犹豫地用镰刀割断受伤的脚趾，然后，忍着巨痛艰难地走到医院。虽然缺少了一个脚趾，但孩子以短暂的疼痛保住了自己的生命。

一位大学生到一家餐馆应聘做钟点工。老板问："在人群密集的餐厅里，如果你发现手上的托盘不稳，即将跌落，该怎么办？"许多应聘者都答非所问。那位大学生答道："如果四周都是客人，我就要尽全力把托盘倒向自己。"最后，他应聘成功了。

古希腊的佛里几亚国王葛第士以非常奇妙的方法，在战车的轭上打了一串结。他预言："谁能打开这个结，就可以征服亚洲。"一直到公元前 334 年，还没有一个人能够成功地将绳结打开。这时，亚历山大率军入侵小亚细亚，他来到葛第士绳结前，不加考虑，便拔剑砍断了绳结。后来，他果然一举占领了比希腊大 50 倍的波斯帝国。

小孩子果断地舍弃脚趾，以短痛换取了生命；服务员果断地让即将倾倒的托盘倒向自己，才保证了顾客的利益；亚力山大果断地剑砍绳结，说明他舍弃了传统的思维方式。在某个特定的时刻，你敢于舍弃，才有机会获取更长远的利益。即使遭受难以避免的挫折，你也要选择最佳的失败方式。

生活中，成败往往蕴含于取舍之间。不少人看似素质很高，但他们因为难以舍弃眼前的蝇头小利而忽视了更长远的目标。成功者有时仅仅在于抓住了一两次被别人忽视了的机遇。而机遇的获取，关键在于你是否能够在人生道路上进行果敢地取舍。

顿悟舍得：

在某个特定的时刻，你敢于舍弃，才有机会获取更长远的利益。即使遭受难以避免的挫折，你也要选择最佳的失败方式。

2. 放弃狂妄，选择归零

有一个国王，他晚上做了个梦，梦见神告诉了他一句话，说只要记住这句话，就能够得到一辈子的幸福。然而醒后，国王竟然忘记了那句话。国王绞尽脑汁都没有想起来，于是问大臣，有没有一句话，听了以后会让人得到一辈子的幸福。大臣都摇头，说好像没有。国王求一句箴言的消息很快就传开了。过了3个月，一个已经告老还乡的老臣求见国王，他对国王说他知道那句话，不过还请国王先给他一个戒指，他打算把那句话刻在戒指上。国王于是给了他一枚戒指。两天后，老臣把戒指还给了国王。国王一看，戒指上赫然刻着“一切都会过去”6个字。国王顿时想起，这正是梦中的神说的话。

一切都会过去。请永远记住，每天都应该有一个新的开始。千万不要让既成的事实成为一种包袱，既不要因为种种遭遇而垂头丧气不思进取，也不要因为过去的种种荣耀和成就而趾高气扬，不可一世。

人需要清空自己心中的一些沉淀，这些东西只会成为自己成长道路上的包袱，该放手时须放手。

很多东西，该放手的时候就要放手。放手是为了更好地获得。

对于荣誉，大可不必放在心上。荣誉是努力的副产品，其实在努力的过程中，人们已经体验到了成功。

有一对父子做瓷娃娃去卖。父亲做的瓷娃娃每个能卖 5 元钱，儿子刚开始做的时候，每个瓷娃娃只能卖一元钱。后来儿子很努力，加上父亲总是鞭策他，他的瓷娃娃越做越好，很快就卖到了 5 元钱。到这个时候，儿子仍然没有放松努力，继续坚持，最后一个卖到了 10 元钱。儿子有些志得意满了，父亲狠狠批评了儿子。儿子很不服气，对父亲说："我的瓷娃娃一个能卖 10 元钱，而你的只能卖 5 元钱，你有什么资格批评我？"父亲一听，长长地叹了一口气说："以后你的瓷娃娃永远都只能卖 10 元钱了。"最后结果果然如此。父亲年轻的时候也跟儿子一样，因为他的父亲的瓷娃娃只能卖 3 元钱，等到自己做出能卖 5 元钱的瓷娃娃的时候就志得意满了，所以卖了一辈子 5 元钱的瓷娃娃。

人难免有很多得意与失意。得意不必狂喜，失意不必伤悲。得意的时候应该想到会有失意，而失意的时候更应该明白成功或许就在这失意中。对于伟人和凡人而言，过去的都已经成为过去，在新的起点上，要取得成就，就必须有一种平常心态，不要将过去的经历当成荣耀，不肯放下，倘若如此，你未来的路将被你眼前的光辉堵死。

顿悟舍得：

人生需要归零。每过一段时间，人都要将自己清零，学会从心态上重新开始，在新的起跑线上，有动力，没有包袱，最后才能获得成功。

3. 做好人生的选择，适时地有所放弃

一个老人在行驶的火车上，不小心把刚买的新鞋弄掉了一只。周围的人都为他惋惜，不料那老人立即把第二只鞋从窗口扔了出去，让人大吃一惊。老人解释道："这一只鞋无论多么昂贵，对我来说也没有用了。如果有谁捡到这双鞋，说不定还能穿呢！"

显然，老人的行为已有了价值判断：与其抱残守缺，不如断然放弃。我们都有过失去某种重要东西的经历，且大都在心理上投下了阴影，究其原因，就是我们没有调整心态去面对失去，没有从心理上承认失去，总是沉湎于已经不存在的东西。事实上，与其为失去的而懊恼，不如正视现实，换一个角度想问题：也许你失去的，正是他人应该得到的。

正值青春的我们时刻都在取与舍中选择，我们又总是渴望着取，渴望着占有，常常忽略了舍，忽略了占有的反面——放弃。懂得了放弃的真意，也就理解了"失之东隅，收之桑榆"的真谛。懂得了放弃的真意，静观万物，体会与世界一样博大的境界，我们自然会懂得适时地有所放弃，这正是我们获得内心平衡，获得快乐的好方法。

什么应该放弃？放弃失恋带来的痛楚，放弃屈辱留下的仇恨，放弃心中所有难言的负荷，放弃浪费精力的争吵，放弃没

完没了的解释，放弃对权力的角逐，放弃对金钱的贪欲，放弃对名利的争夺……

然而，放弃并非易事，需要很大的勇气。面对诸多不可为之事，勇于放弃才是明智的选择。只有毫不犹豫地放弃，才能重新轻松地投入新生活，才会有新的发现和转机。

学会放弃，本身就是一种淘汰，一种选择，淘汰掉自己的弱项，选择自己的强项。放弃不是不思进取，恰到好处的放弃正是为了更好地进取，常言道："退一步，海阔天空。"

人生短暂，与浩瀚的历史长河相比，世间的一切恩恩怨怨，功名利禄皆为短暂的一瞬，福兮祸所伏，祸兮福所倚。得意与失意，在人的一生中都只是短短的一瞬。行至水穷处，坐看云起时。古今多少事，都付笑谈中。

放弃是一种睿智，它可以放飞心灵，还原本性，使你真实地享受人生。放弃是一种选择，没有明智的放弃就没有辉煌的选择。进退从容，积极乐观，必然会迎来光辉的未来。放弃绝不是毫无主见，随波逐流，更不是知难而退，而是一种寻求主动、积极进取的人生态度。

顿悟舍得：

懂得了放弃的真意，也就理解了"失之东隅，收之桑榆"的真谛。懂得了放弃的真意，静观万物，体会与世界一样博大的境界，我们自然会懂得适时地有所放弃，这正是我们获得内心平衡和快乐的好方法。

4. 舍弃那些让你不安的东西

放弃意味着失去，放弃意味着付出，放弃体现着放弃者的精神境界。记得有位诗人曾说过："要想采一束清新的鲜花，就得放弃城市的舒适；要想做一名登山健儿，就得放弃白嫩的肤色；要想穿越沙漠，就得放弃咖啡和可乐；要想拥有永远的掌声，就得放弃眼前的虚荣。"

老街上有一家铁匠铺，铺里住着一位老铁匠。由于没人再需要打制的铁器，现在他改卖铁锅、斧头和拴小狗的链子。

他的经营方式非常古老和传统。人坐在门内，货物摆在门外，不吆喝，不还价，晚上也不收摊。无论你什么时候从这儿经过，都会看到他在竹椅上躺着，手里拿一个半导体收音机，身旁是一把紫砂壶。

他的生意也没有好坏之说。每天的收入正好够他喝茶和吃饭。他老了，已不再需要多余的东西，因此他非常满足。

一天，一个文物商人从老街上经过，偶然看到老铁匠身旁的那把紫砂壶。那把壶古朴雅致，紫黑如墨，有清代制壶名家戴振公的风格。于是他走了过去，顺手端起那把壶。

壶嘴内有一记印章，果然是戴振公的！商人惊喜不已。因为戴振公在世界上有"捏泥成金"的美名，据说他的作品现在仅存3件：一件在美国纽约州立博物馆，一件在台湾故宫博物院，还有一件在泰国某位华侨手里。

商人端着那把壶，想以 10 万元的价格买下它。当他说出这个数字时，老铁匠先是一惊，然后马上拒绝了，因为这把壶是他爷爷留下来的，他们祖孙三代打铁时都喝这把壶里的水，他们的汗也都来自这把壶。

壶虽没卖，但商人走后，老铁匠有生以来第一次失眠了。这把壶他用了近 60 年，并且一直以为是把普普通通的壶，现在竟有人要以 10 万元的价钱买下它，他转不过神来。

过去他躺在椅子上喝水，都是闭着眼睛把壶放在小桌上，现在他总要坐起来再看一眼，这让他非常不舒服。特别让他不能容忍的是，当人们知道他有一把价值连城的茶壶后，经常登门，有的问他还有没有其他的宝贝，有的甚至开始向他借钱。更有甚者，晚上来敲他的门。他的生活被彻底打乱了，他不知该怎样处置这把壶。

当那位商人带着 20 万元现金第二次登门的时候，老铁匠再也坐不住了。他招来左右店铺的人和前后邻居，拿起一把斧头，当众把那把紫砂壶砸了个粉碎。

现在，老铁匠还在卖铁锅、斧头和拴小狗的链子，据说他已经 102 岁了。

放弃，是对人生的透彻洞悉和睿智决断，是气质非凡的手笔。放弃，对每个人来说，都是痛苦的过程。但是不会放弃，却想拥有一切，最终将一无所有。

顿悟舍得：

让你感到不快乐的东西，即使价值连城，对于你也是没有意义的。人生不过百年，当行将就木，再昂贵的宝物能让你得到几天的快乐日子吗？在快乐面前，果断放弃是最正确的选择。

5. 合适的位置才能成就优秀的你

在这个世界上，没有一个标准可以说明你活得很好，请记住：找到了适合自己的生活方式，你就能成为最优秀的自己。

英国著名诗人济慈本来是学医的，后来他发现自己有写诗的才能，就当机立断，放弃了医学，把自己的整个生命投入诗歌中。他虽然只活了二十几岁，但他为人类留下了许多不朽的诗篇。马克思年轻时曾想做个诗人，也曾经努力写过一些诗（后来他自称是胡闹的东西），但他很快就发现自己的长处和兴趣并不在这里，便毅然放弃做个诗人的梦想，转到社会科研上面去了。如果他们两个人都不能清楚地认识自己，没有找准自己的位置，那么英国至多不过增加了一个庸医，而在国际共产主义运动史上也肯定要失去一颗耀眼的明星。

伽利略是被迫去学医的，当他被迫学习解剖学和生理学的时候，却偷偷地研究复杂的数学问题，他从比萨教堂的钟摆发现钟摆原理的时候才 18 岁。

罗大佑的《童年》《恋曲 1990》等经典歌曲影响和感动了一代人。罗大佑起初是学医的，后来他发觉自己对音乐情有独钟，所以他弃医从乐。他的选择是对的。

俄罗斯著名男低音歌唱家奥多尔夏宾 19 岁的时候，来到喀山市的剧院经理处，他准备加入合唱队。但他正处在变音阶段，结果没被录取。过了 7 年，他已成了著名歌唱家。一次他认识了高尔基，向他谈了自己青年时代的遭遇，高尔基听了，出乎意料地笑了，原来就在那个时候，他也想成为该剧团的一名合唱演员并被选中了，不过很快他就明白，他根本没有唱歌的天赋，于是退出了合唱队。

离斯特拉福德镇不远有一座贵族宅邸，主人是托马斯·路希爵士。有一天，20 出头的莎士比亚伙同镇上几名好事之徒，溜进爵士的花园，开枪打死了一头鹿。结果莎士比亚被当场抓住，在管家的房间里被囚禁了一夜。莎士比亚在这一夜间受尽侮辱，释放后便写了一首尖刻的讽刺诗，贴在花园的门上。这下子惹得爵士火冒三丈，扬言要诉诸法律严惩那个写歪诗的偷鹿贼。于是莎士比亚在家乡待不下去了，只好踏上去伦敦的路途。

正如作家华盛顿·欧文所说："从此斯特拉福德镇失去了一个手艺不高的梳羊毛的人，而全世界却获得了一位不朽的诗人。"

所谓"不在一棵树上吊死"，即不必认死理，只要能找到最适合自己的生存方式，就能活出自己的风采！

顿悟舍得：

"我喜欢"和"还不错"完全是两个概念，别怕舍弃那个看起来还不错的位置、那件你更加喜欢的事情，这些可能才是成就你的殿堂。

6. 以能发挥自己的长处作为选择的依据

春秋战国时期，鲁国有一个人特别擅长打草鞋，他妻子纺的白绸特别漂亮。但他们在鲁国生活得并不开心，于是想搬到越国去。

有个从越国来的人告诉他说：“你们到了越国，一定会变得很穷。”

鲁国人很奇怪地问是什么原因。

这个人解释说，打草鞋是为了给人穿的，而越国人并不喜欢穿鞋，他们通常都赤脚走路；织的白绸是为了用来做帽子的，但是越国人也不喜欢戴帽子，而特别喜欢披着长发。如果搬到不能施展自己才能的国家去，必然会受穷。

人们要学会发挥自己的长处，要在自己能够发挥长处的地方活动，否则很容易把自己的长处变成短处。其实人们做出的选择和自己的知识背景有很大的关系。因为对于某些人来说不是资源的东西，对于别人来说可能就是大资源。因此，人们应该开阔自己的视野，看得多、经历得多，才有可能有更多的出路。

从前有个宋国人特别擅长配制防治冻手的药，他家祖祖辈辈都是靠把这种药涂抹在手上，然后给别人漂洗棉絮来过日子的。

有一个外乡人听说了这件事情，便找到这个人表示愿意以100两黄金买他的药方。宋国人很快把全家人召集在一起商量该怎么办。最后的决定是自己家祖祖辈辈都干漂洗棉絮的活儿，一年到头也不过赚几两黄金，现在只要出售这个药方就可以一下子得到100两黄金，那就把药方卖给他吧。

那个外乡人得到药方后，立即去拜见吴王，向吴王夸赞这种药如何如何有用。这个时候正好越国出现内乱，吴王就派这个外乡人跟随他的部队去讨伐越国。当时正是寒冬季节，尽管天气很冷，但是由于他的药很管用，吴军丝毫没有受到影响，他们和越国军队进行水战，并将越国军队打得落花流水。吴王得胜后特别高兴，立即就割出一块土地封赏给了这个献药方的人。

这种药能够让手不皲裂，功用始终是一样的。但是，有的人可以利用它得到封赏，而有的人虽然拥有它却依然避免不了继续做漂洗棉絮的苦活。这就是因个人眼界不同而造成的。因此人们要学会开阔眼界，眼界越开阔，选择的机会越多，成功的可能性就会越大。

人们要寻找到适合自己做的事情，就必须懂得不断学习。从来就没有一生下来就什么都知道的人，人都是在有意或者无意地学习，并将学到的东西用于实践。对于一个人来说，学习永远都是必需的，尤其是现代社会，知识更新得很快，如果人们还抱残守缺，将自己以前的陈年知识作为炫耀的资本，而不思汲取新的知识，那么必然会很快失败。

我们掌握的知识越多，思路就越开阔，所能做的事情就越多，自然就越有希望生活得比其他人更好。

顿悟舍得：

人要学会开阔眼界，眼界越开阔，选择的机会越多，成功的可能性就会越大。而要开阔眼界，就必须放弃固有的思路，不要死守一隅，而是选择最适合自己做的事，或最适合自己发挥的地方。

7. 只有适合自己的生活，才是幸福的生活

每个人都要记住：想要过什么样的生活是要你自己去选择的，不可人云亦云，盲目跟随，只有适合你的才是最好的，尽管你会因此而失去一些东西，但你得到的更多。

杜尚——就是在“蒙娜丽莎”的脸上画了两撇小胡子的法国艺术家，他让全世界的人目瞪口呆。当时有许多人都斥责他，竟敢对这幅传世经典名画大不敬。但谁也没有想到，他的艺术思想就此统治了我们的艺术史。

杜尚说：“一个人的生活没有必要负担太重，或者做太多的事情，不一定要有老婆、孩子、别墅、汽车。我认识到这一点的时候还相当年轻，这是我的幸运，这使得我在很长的一段时间里过着单身汉的生活。这样一来，我比那些按部就班、娶妻生子的人生活得要轻松许多。从根本上说，这是我的生活原则。所以我觉得自己很幸福，几乎没生过气，而且可以去从事自己一直喜欢的绘画。”

后来他不仅生活得很快乐，而且在绘画和艺术设计方面取得了不错的成绩。

要想活得快乐一些，轻松一些，就必须改变凡事一定要坚持到底的想法，尤其是要摆脱一些你所厌恶的事情和工作。

首先，让自己冷静下来，静静思考一下自己的爱好和特长，

自己最希望在哪个行业有所建树，自己在什么方面即使努力也会徒劳无功。

当想清楚之后，就勇敢地取舍，把握自己，将全部的热情和精力投入你所热爱的事业上去。

人生不要太完美，有个缺口让福气流向别人是很美的一件事，你不需要拥有全部的东西，若你样样俱全，别人吃什么呢？记住：只有适合自己的生活，才是幸福的生活。

顿悟舍得：

每个人都要记住：想要过什么样的生活是要你自己去选择的，不可人云亦云，盲目跟随，只有适合你的才是最好的，尽管你会因此而失去一些东西，但你得到的将会更多。

8. 专攻一门，更容易获得成功

放弃是一种智慧，生活中懂得放弃才会有所收获。

想必大家很早就听过“狗熊掰玉米”的故事，愚蠢的狗熊在广阔的玉米地里一直不停地掰下去，但它掰一个丢一个，到头来手里仍然只剩下了两个玉米。

虽然人们都嘲笑狗熊的笨拙无知，但自己却常常干着同样笨拙无知的事情。由于太贪多、太求大求全或者太急切，反而使自己顾此失彼，结果不但一事无成，徒劳无功，而且白白搭上了许多时间、精力、健康和金钱，真是赔大了！

曾经有一位青年非常苦恼地对昆虫学家法布尔说：“我不知疲劳地把自己的全部精力都用到了我所爱好的事业上，但结果却收效甚微，至今毫无成就。”

法布尔赞许地说：“看来你是一位乐于付出、献身科学的有志青年！”

那位青年说：“是啊！我的确十分爱科学，但我也爱文学，对音乐和美术也很感兴趣。为了能有所成就，我把全部时间都用上了。”

法布尔拿起一个放大镜说：“把你的时间和精力集中到一点上试试，就像这块凸透镜一样！”

有位哲人指出：“与其花许多时间和精力去凿许多口浅井，

不如花同样的时间和精力去凿一口深井。”换句话说，在人们走向成功的旅途上，仅仅知道如何“获得”是远远不够的，还必须学会如何“放弃”。

学会放弃，就是对事情专一，将自己的时间和精力“聚焦”到一件事情上。这并非不求上进，也不是懒惰无能，而是一种锲而不舍、全神贯注的追求。这是许多有成就的人物获得事业成功的宝贵经验。

有些人甚至因为学习、工作时注意力高度集中，达到了如痴如迷、浑然不觉周围人与事的忘我境地。著名科学家居里夫人小时候读书很专心，完全不知道周围发生的一切，即使别的孩子跟她开玩笑，故意发出各种使人不堪忍受的喧哗声，也不能把她的注意力从书本上移开。有一次，几个姊妹恶作剧，用6把椅子在她身后造了一座不稳定的三角架。由于她在认真看书，一点儿也没有发现头顶上的危险。不一会儿，三角架轰然倒塌，引起周围孩子们的一阵轰笑。

与居里夫人一样，革命导师列宁在写作时，感到腹中饥饿，随手拿起桌边的一块干面包吃。他本想醮点水再吃，但因精神过度集中，误将墨水当成白水醮着吃了下去。直到一块面包快吃完时，他才发现自己搞错了。还有大科学家爱因斯坦，因看书入迷而把一张价值1500美元的支票当书签丢掉了。另一位大科学家牛顿，则因专心思考而把怀表当成鸡蛋放进锅里去煮。无数事实都反复证明，凡是事业有成的伟大人物，都是靠专心致志地苦心钻研而取得成功的。

古人说：“追二兔者不得一兔。”俗话又说：“不怕千招会，只怕一招精。”专攻一门，更容易获得成功。

人的时间和精力都是有限的，谁都不可能“样样都学，样样精通”。分散精力、见异思迁是人生的大忌，务必戒之慎之。

顿悟舍得：

若想有所成就，必要时要敢于舍弃，舍弃过多的爱好，专注于你真正喜欢的事情，长久坚持，付出努力，相信你会有所收获。

卷七

莫追眼前利，放眼看未来

一个人的目光应该放得更长远些。如果你为赚钱而努力，那么你可能会赚到一些钱；但是，如果你为长远的事业而努力，那么你就有可能不仅赚到很多钱，还会干出一番大事业。所以，别怕舍弃眼前的蝇头小利，更大的收获可能就在不远处等着你。

1. 放弃蝇头小利，获得长远利益

一个人要学会选择，正确取舍，懂得“放长线钓大鱼”的道理。但当“小”充满诱惑，而“大”又十分遥远的时候，选择才显得至关重要。大企业家之所以能创建并经营好大企业，都是因为具有大的视野和长远的目标。

罗斯柴尔德家族是欧洲乃至世界久负盛名的金融家族。这个家族从16世纪起定居于德国法兰克福的犹太区，在法兰克福城默默无闻地度过了两个多世纪，直到18世纪才开始发迹。带领这个古老的家族走上兴旺发达之路的，是梅耶·罗斯柴尔德。梅耶自小就聪明伶俐，20岁开始做古董和古钱币的生意，同时也兼兑换钱币。罗斯柴尔德在实践中清楚地意识到，要在这个犹太人备受歧视的社会里脱颖而出，接近手握巨大权势的领主并博得其欢心是最有效的手段。

有一次，当地领主比海姆公爵召见梅耶。精明的他利用这次机会，把花了很多心血高价收集的古钱币以低得离奇的价格卖给公爵，并且还极力帮助公爵收藏古币，经常为他介绍一些能够使其获得数倍利润的生意，不遗余力地帮公爵赚钱。如此一来，公爵不但从买卖中尝到了很多甜头，对古钱币的兴趣也越来越浓。罗斯柴尔德和他的关系逐渐演变为长期合作伙伴关系。

如果说一两次的“舍本大减价”一般人可以做得到的话，

罗斯柴尔德这种始终坚持“舍本”帮别人赚钱的做法却是一般人所难做到的。虽然他得以在宫廷出入自由，但自己的经济已是相当拮据。他为了实现长期战略目标，宁可舍弃眼前的小利。这种把金钱、心血和精力彻底投注于某个特定人物身上的做法，日后便成为罗斯柴尔德家族的一种基本战略。为了得到长期的利益，必须在开始的时候让对方尝到他一辈子也忘不掉的甜头。放长线钓大鱼，舍小利获大利，这就是成功的犹太商人的生意经。

在罗斯柴尔德25岁那年，他获得了“宫廷御用商人”的头衔，罗斯柴尔德的策略见效了。后来他不仅经营棉制品、烟酒，还开始从事银行业，二十多年之后便成为法兰克福城的首富。

被犹太人称为致富圣经的《塔木德》上说：“在仔细权衡利弊得失之前，不可采取盲目的行动。”要想使一个企业有大的发展，管理者就要有战略的眼光，要学会放弃，只有放弃眼前的蝇头小利，才能获得长远的大利。但也不能脱离现实，要把近期利益与长远利益相结合，把理想和现实有机结合，这样才有可能取得成功，使企业获得长足的发展。

顿悟舍得：

要想使一个企业有大的发展，管理者就要有战略的眼光，要学会放弃，只有放弃眼前的蝇头小利，才能获得长远的大利。

2. 舍弃到嘴边的肥肉，你会得到更多

里基·亨利是在贫穷中长大的，他的梦想是当体育明星。当亨利 16 岁的时候，已经很精通棒球了，他能以每小时 90 英里的速度投出一个快球，并且能击中在橄榄球场上移动的任何东西。不仅如此，他还是非常幸运的。亨利高中的教练是奥利·贾维斯，他不仅对亨利充满信心，而且他还教会了亨利如何对自己也充满自信。他教亨利认识到拥有一个梦想和显示出信念是不同的。终于，在亨利和贾维斯教练之间发生了一件非常特殊的事情，并且永远地改变了亨利的一生。

亨利高中三年级的那年夏天，一个朋友推荐他去打一份零工。这对亨利来说是一个难得的赚钱机会，它意味着他将会有钱去买一辆新自行车，添置一些新衣服，并且，他还可以开始攒些钱，将来能为妈妈买一所房子。想象着这份零工的诱人前景，亨利真想立即就接受这次难得的机会。

但是，亨利也意识到，为了保证打零工的时间，他将不得不放弃自己的棒球训练，那就意味着他将不得不告诉贾维斯教练自己不能够参加棒球比赛了。对此，亨利感到非常害怕，但他还是鼓足勇气去找教练，对他实话实说。

当亨利把这件事告诉教练的时候，不出亨利所料，教练果然生气地说：“今后，你将有一生的时间来工作，但是，你

能够参加比赛的日子能有几天呢？那是非常有限的，你浪费不起呀！”

亨利低着头站在教练面前，绞尽脑汁地思考着如何才能向他解释清楚自己要给妈妈买一所房子以及自己是多么希望能够有钱的这个梦想，他真的不知道该如何面对教练失望的眼神。

“孩子，能告诉我你将要去干的这份工作能挣多少钱吗？”教练问道。

“一小时 3.25 美元。”亨利仍旧不敢抬头，嗫嚅着答道。

“啊，难道一个梦想的价格就值一小时 3.25 美元吗？”教练反问道。

这个问题，再简单、再清楚不过了，它明白无误地向亨利揭示了注重眼前得失与树立长远目标之间的巨大差别。就在那年夏天，亨利全身心地投入到体育运动之中；也就是在那一年，他被匹兹堡派尔若特棒球队选中了，签订了两万美元的协议。此外，他还获得了亚利桑那大学的橄榄球奖学金，这让他顺利接受了大学教育，并且，他在两次民众票选中当选为“全美橄榄球后卫”，在美国国家橄榄球联盟队员的第一轮选拔中，亨利的总分名列第七。1984 年，亨利和丹佛的野马队签订了 170 万美元的协议，终于圆了为妈妈买一所房子的梦想。

顿悟舍得：

在生活中，一个人的目光应该放得更长远些。如果你为赚钱而努力，那么你可能会赚到一些钱；但是，如果你为长远的事业而努力，那么你就有可能不仅赚到很多钱，还会干出一番大事业。而且，有时候，不要别人“送到嘴边的肥肉”，会使你收获得更多。

3. 人生必要面临取舍，要保持平常心态

祝坚飞是建筑设计专业的毕业生，因此进入设计公司或设计院是他择业的首选。在找工作之初他就决定去深圳发展。原因有二：第一，深圳是一个年轻的城市，他非常渴望能到这座走在中国发展前沿的城市中寻找自己的梦想；第二，他从一个亲友那里了解到深圳对设计人才的需求量很大，这更增强了他去深圳的信心。确定了选择的方向，他开始搜索关于深圳建筑设计公司的资料。确定了几个公司后他便分别打电话与其招聘负责人取得联系。经过权衡与比较，最终确定了“华阳国际建筑设计有限公司”，该公司对他也很感兴趣，双方“一拍即合”。

与他比较顺利的择业历程相比，身边有些朋友就没有这么幸运了。他们有的在寻找就业机会时，或患得患失、好高骛远，或没能清晰地分析就业形势与自身需求就无的放矢，或缺少自信，不能坚持到底，这些情况都导致了择业的失败。应届毕业生在择业时首先应注意摆正心态，以平常心面对择业过程中遇到的不尽如人意之处；其次给自己准确定位，看清自身优、劣势，然后找出自己与众不同的地方并发扬光大。

目前，就业形势的严峻是不言而喻的。在这种环境下择业，心态调整最为重要，而调整心态的过程中，用平常心应对挑战

也十分必要。

平常心首先意味着要摒弃大学生那种“天之骄子”的贵族感，把过高的求职期望降到与自己能力相当的合理水平。要明白，自己在人才市场上就是一名没有经验的新兵，是“人才”的“半成品”。所以，在求职前，我们应该对自己有一个准确的认识。小型公司固然具有挑战性，而且有利于学到各方面的知识和技能，但稳定性和正规性较差；而大型企业在这方面就相对具有优势，但人才济济、分工细致的管理对提高个人的综合能力却未必有利。

平常心是一种脚踏实地的务实态度，不是等待机会和运气的降临，而是主动出击，不因为怕苦怕累而放弃。从基层做起、经受历练的机会。一旦具备了这种心态，你就会发现择业中的很多难题其实根本就不算什么。比如，你曾在“这份工作究竟能带给我什么样的前途”这个问题上纠缠很长时间，但事后想想其实没什么必要。按一般人的职业生涯发展规律，大学毕业后3到5年主要是积累期，是离开校园后进入社会大学的再学习期。最初的一份或几份工作，不过是选择一种职业发展方向。有机会进入大城市、知名企业固然值得争取，而到中小城市、中小企业也未尝不是一种发展途径，避开人才竞争最激烈的地方，做“鸡头”也许比做“凤尾”更易脱颖而出。

平常心是对求职过程中一时成败的淡然处之。对刚迈进社会的新人来说，在激烈的角逐中摔上几跤肯定难免，重要的是自己不要过分看重一时的成败，而是积极应对。

人的一生，有取有舍，取舍全在方寸之间，该遗忘的要遗忘，该宽容的要宽容，该面对的要坦然面对。也许你面临的环境不是你理想的环境，但却是你现实的环境；也许你从事的职业不是你理想的职业，但却是你现实的职业；也许你干的工作不是你理想的工作，但却是你现实的工作。

想开了，就能轻松地上路了。

顿悟舍得：

人的一生，有取有舍，取舍全在方寸之间，该遗忘的要遗忘，该宽容的要宽容，该面对的要坦然面对。

4. 面对“馅饼”，请诚实一些

雅利安公司是美国环球广告代理公司驻中国办事处。因为业务需要，雅利安公司正准备招聘4名中国高级职员，他们将担任业务部和发展部的主任助理，待遇自不必言，但竞争也是激烈的。凭着良好的资历和优秀的考试成绩，小李荣幸地成为10名复试者中的一员。

雅利安公司的人事部主任戴维告诉小李，复试主要是由贝克主持。贝克是全球闻名的大企业家，从一个报童到美国最大的广告代理公司董事长、总经理，他的经历充满了传奇色彩。并且，他年龄并不是很大，据说只有40岁上下。听到这个消息，小李非常紧张，一连几天，从英语口语、广告业务及穿戴方面都做了精心准备，以便顺利地“推销自己”。

考试是单独面试。小李一走进小会客厅，坐在正中沙发上的一个人便站起来，小李认出来：正是贝克。

“是你？你就是……”贝克用流利的中文说出了小李的名字，并且快步走到他面前，紧紧握住了他的双手。

“原来是你！我找你找了很长时间了，”贝克一脸的惊喜，激动地转过身对在座的人嚷道，“先生们，向你们介绍一下：这位就是救我女儿的那位年轻人。”

小李的心狂跳起来，还没容得他说话，贝克把他一把拉到旁边的沙发上坐下，说道：“我划船技术太差了，结果女儿掉到了昆明湖中，要不是这位年轻人就麻烦了。真抱歉，当时我只顾照看女儿了，也没来得及向你道谢。”

小李竭力抑制住心跳，抿抿发干的双唇，说道：“很抱歉，贝克。我以前从未见过您，更没救过您女儿。”

贝克又一把拉住小李：“你忘记了？4 月 2 日，昆明湖公园……肯定是你！我记得你脸上有块痣。年轻人，你骗不了我的。”贝克一脸的得意。

小李站起来：“贝克先生，我想您肯定弄错了，我没有救过您女儿。”

小李说得很坚决，贝克一时愣住了。忽然，他又笑了：“年轻人，我很赞赏你的诚实，我决定：你免试了。”

几天后，小李幸运地成了雅利安公司的职员。有一次，小李和戴维闲聊，他问戴维：“救贝克先生女儿的那位年轻人找到了吗？”

“贝克先生的女儿？”戴维先生一时没反应过来，接着他大笑起来，“他女儿？有七个人因为他女儿而被淘汰了。其实，贝克先生根本没有女儿。”

在我们的生活中，常常也会有这样的“馅饼”不期而至，当它对于你来说是唾手可得时，很多人就会出现心态失衡，为了虚幻的“影子馅饼”而失去更多东西，最糟的结果是剥去“馅饼”皮，才后悔莫及，原来空欢喜一场，得到的只是陷阱而已。

如果我们能够以平常心面对这些飞来之喜，也许我们收获的不仅仅是一个“馅饼”，就像故事中获得工作的主人公一样。

当然，除了做到宠辱不惊外，我们还需要有一颗诚实的心。

从前有一个国王没有儿子，他向全国宣布，要选择一个孩子作为他的义子。

接着，他拿来了种子分给每一个孩子，并说："谁用这种子培育出的花朵最美丽，谁就将成为王位的继承者。"

到了国王规定的日子，孩子们端来了一盆盆鲜花。这些花姹紫嫣红，争奇斗艳。在这么多孩子中，只有一个孩子拿了一个无花的花盆。他十分惭愧地告诉国王，他是如何精心培育这花的种子，而种子却不发芽。

国王笑了，拉着他的手对大家宣布："这就是我的继承人，因为我给大家的种子都是煮熟了的，怎么会开花呢？"

这个故事，对于心眼越来越活的现代人来说，寓意是十分深刻的。现代人的心理，就像故事中大多数的孩子一样，想把自己装扮得很完美、很无瑕，而现实的真相，可以忽略。本来很简单的事情，某些人为了把事情做得达到自己理想的状态，把它搞得十分复杂。这世界原本是简单的，却让有些人把它搞得似乎到处是机关、到处是陷阱。

但是，无论世界怎么发展，怎么变化，诚实、真、善、美是不能丢掉的，这些才是人类最真实的东西，是亘古不变的。

顿悟舍得：

"馅饼"与"陷阱"只有一词之差，我们的得与失也只在一念之间。面对眼前的诱惑，一定要保持理智，逾越道德的边界，你再聪明也不会受人欢迎。

5. 处处怕吃亏，成不了大事业

在人生的历程中，吃亏与受益是一种互为存在、互为因果的东西。一个人不能事事只想着受益，更不能时时怕吃亏。事事怕吃亏，处处怕吃亏，斤斤计较，算盘顶着脑门算的人，成就不了什么大事业。华人首富李嘉诚曾说："有时看似是一件很吃亏的事，往往会变成非常有利的事。"

东汉时期，有一个名叫甄宇的在朝官吏，时任太学博士。他为人忠厚，遇事谦让。有一次，皇上把一群外番进贡的活羊赐给了在朝的官吏，要他们每人分得一只。

在分配活羊时，负责分羊的官吏犯了愁：这群羊大小不一，肥瘦不均，怎么分群臣才没有异议呢？这时大臣们纷纷献计献策，有人说："把羊全部杀掉吧，然后肥瘦搭配，人均一份。"也有人说："干脆抓阄分羊，好不好全凭运气。"

就在大家七嘴八舌争论不休时，甄宇站出来了，他说："分只羊不是很简单吗？依我看，大家随便牵走一只羊，不就可以了吗？"说着，他就牵了一只最瘦小的羊走了。

看到甄宇牵了最瘦小的羊，其他的大臣也不好意思专牵最肥壮的羊，于是，大家都挑最小的羊牵，很快羊都被牵光了，但是每个人都没有怨言。

后来，这事传到了光武帝耳中，甄宇因此得了"瘦羊博士"

的美誉，称颂朝野。不久，在群臣的推举下，甄宇又被朝廷提拔为太学博士院“院长”。从表面上看，甄宇牵走了小羊吃了亏，但是，他却得到了群臣的拥戴以及皇上的器重。实际上，甄宇是得了大便宜。所以，“吃亏”虽然意味着舍弃与牺牲，但也不失为一种胸怀、一种品质、一种风度。

在商界，大概没有人能信服“好汉要吃眼前亏”这个道理。商道的核心是利润，吃亏与之格格不入。然而，许多大商人却因“吃亏”而发迹。

“二战”时期，联合国还在酝酿筹划之中。当时，这个全球性组织，竟没有自己的立足之地。刚刚成立的联合国机构还身无分文。让世界各国筹资吧，负面影响太大，联合国为此一筹莫展。

听到这个消息后，美国著名财团洛克菲勒家族经过商议，果断出资 870 万美元，在纽约买下一块地皮，无条件地赠与了当时的联合国。同时，洛克菲勒家族将毗连这块地皮的大面积地皮也全部买了下来。

对于洛克菲勒家族的这一出人意料之举，当时许多美国大财团都吃惊不已。许多财团和地产商甚至嘲笑说：“这简直是愚蠢之极！这样经营不到 10 年，著名的洛克菲勒财团便会沦为贫民集团！”但出人意料的是，联合国机构刚刚建成完工，毗邻的地价便立刻飙升起来，相当于捐献款的数十倍、上百倍的巨额财富源源不断地涌进了洛克菲勒家族财团，这种结果令当初嘲笑和讥讽的人们目瞪口呆。

洛克菲勒家族当初的亏吃得也确实有点大，但谁知道这却是一种大风度、大智慧、大胆识。捐献的结果让自己大获其利，真可谓名利双丰收。

由此可见，吃亏也是一种策略。

顿悟舍得：

事事怕吃亏，处处怕吃亏，斤斤计较，算盘顶着脑门算的人，成就不了什么大事业。华人首富李嘉诚曾说：“有时看似是一件很吃亏的事，往往会变成非常有利的事。”

6. 宁可自己吃亏，也不可亏待帮助过你的朋友

人人都知道“熟人好办事”的道理，熟人之间常来常往，在频繁的接触中，彼此都有相当的了解，信任度慢慢提高，彼此之间的感情也会慢慢加深。但大多数生意人更愿意与生人做生意，因为这样抬价杀价更易于实行，没有脸面上的考虑；与熟人之间做生意却要考虑面子和交情。其实，如果从钱财的角度来看，的确是少赚了，但从人情的角度来说，却赚足了。

如果只重金钱不顾情面，恐怕谁都做不好生意。清朝红顶商人胡雪岩对这种事情可谓看得很清楚，做得也很漂亮。

胡雪岩费尽千辛万苦，与洋人做成了第一笔丝生意，足足赚了18万两银子。本来这笔钱可以还上当初开钱庄借下的债务，但他考虑到，在这笔生意中，漕帮首领尤五、洋商买办古应春、湖州“户书”郁四以及丝商巨头庞二等人也都帮他花了不少心思，自己必须给他们“分利”。本来生意期间的应酬开销就不少，如今他把赚来的钱又一笔一笔地分给了这些人，还使自己落下万把两银子的亏空。

当时古应春表示自己的一份可以不必计算在内，但胡雪岩认为，亲兄弟还要明算账，对合作伙伴之间的交情也必须泾渭分明，生意归生意，感情归感情，才有长久相交的基础。朋友之间如果这种账算不明白，日后必“账缠账”，越缠越难理清，

最后连朋友都没得做了。于是他仍然将古应春应得的15000两银子划到了对方的名下。

胡雪岩这么做，不仅使他的合作伙伴及朋友们看到了在这桩生意的运作中，他显示出来的足以服众的才能，更让朋友们看到了他重朋友情分，可以共患难、共安乐的义气。且不说这桩生意使胡雪岩积累了与洋人打交道的经验，和外商取得了联系并有了初步的沟通，更为他后来驰骋十里洋场和外商做军火生意以及借贷外资等打下了基础。同时，通过这桩生意，他与丝商巨头庞二结成了牢固的合作伙伴关系，建立了他在蚕丝经营行当中的地位，为他以后有效地联合同业，控制并操纵蚕丝市场创造了必不可少的条件。

仅仅从这分、付之间显示出来的重朋友情分的义气，就使他得到了这些来头不小的朋友和帮手，其“收益”实在不可以金钱来衡量。胡雪岩日后所有的大宗生意，都是在他们的帮助下做成的。可以说，在这一笔生意上，胡雪岩的“钱财账”是亏了，而“人情账”却是大大地赚了一笔。

现实生活中，我们在经营自己的事业时，也应该像胡雪岩那样，不仅要把每一笔钱财账算清，也要在心里把人情账算清，有时宁可亏了自己，也不能亏待帮助过你的朋友。因为前者的数目是有限的，后者却能给你带来无尽的机会。

顿悟舍得：

正所谓：“亲兄弟，明算账。”在生意中，对合作伙伴之间的交情必须泾渭分明，生意归生意，感情归感情，才有长久相交的基础。我们在经营自己的事业时，不仅要把每一笔钱财账算清，也要在心里把人情账算清，有时宁可亏了自己，也不能亏待帮助过你的朋友。

7. 不是自己的不要拿，只抓属于自己的钱

金钱具有诱惑力，尤其在经商过程中，时刻面对金钱的冲击，很容易见财起意，犯下过错。经商者一定要坚定正确的经营理念，遵守做人的基本道德，只抓属于自己的钱，而不抓不属于自己的钱。犹太人在这方面就做得非常好。

犹太人在追求财富方面没有止境，这一点世人皆知。然而，犹太人追求财富的前提是，他们要靠自己的头脑和双手光明正大地赚，在犹太人的眼中，拿不义之财就会受到神的惩罚。

有个犹太妇女购买东西，当她从百货公司回到家里从袋中取出东西时，忽然发现里面有一枚戒指。她并没有买这个东西，她把此事告诉了小儿子，并带着孩子一并去找智者，请教怎样处理此事。

智者给他们讲了《犹太法典》中的一则故事：有位犹太人平日靠砍柴为生，每天要把砍的柴从山里背到城里去卖。犹太人为了节省走路的时间，以便研究《犹太法典》，决定买一头驴来代步。

犹太人向阿拉伯人买了一头驴牵回家来。徒弟们看到犹太人买了头驴回来，非常高兴，就把驴牵到河边去洗澡，结果驴脖子上掉下来一颗光彩夺目的钻石。徒弟们高兴得欢呼雀跃，认为从此可以脱离贫穷的樵夫生活，专心致志地研读《犹太法

典》了。

可是出乎徒弟们意料的是，犹太人领他们赶快去街上把钻石还给了阿拉伯人。犹太人说：“我买的只是驴子，而没有买钻石，我只能拥有我所买的东西，这才是正当行为。”

阿拉伯人非常惊奇：“你买了这头驴，钻石是在驴身上的，你实在没有必要拿来还我，我不理解，你为什么要这样做呢？”

犹太人回答：“这是犹太人的传统，我们只能拿支付过金钱的东西，所以钻石必须归还给你。”

阿拉伯人听后肃然起敬，说：“你们的神必定是宇宙最伟大的神。”

听罢这则故事，妇人立即决定回去把戒指还给百货公司，但不知如何解释，智者告诉她：“不知道戒指属不属于百货公司。如果对方问到你退还戒指的原因时，你只需说一句话就行：‘因为我们是犹太人。’请带着孩子一块儿去，让他亲眼目睹这件事，他一定会对自己母亲的正直与伟大永生不忘。”

从此故事可以得到启示：金钱对灵魂很具有诱惑力，而要抵御这种诱惑必须做到非常有原则。

如果民族的灵魂变肮脏了，民族就会彻底完蛋。犹太人的生存经历是一面明镜，值得全人类学习和借鉴。灵魂的纯洁是最大的美德。经商者应当牢记，是自己的才能拿，绝不贪图不义之财！

顿悟舍得：

经商者一定要坚定正确的经营理念，遵守做人的基本道德，只抓属于自己的钱，而不抓不属于自己的钱。

8. 吃亏是一种能舍也能得的人生境界

花儿会苦争春色，雨儿会在自由落体时抢跑道，鸟儿会争着丈量天与地的距离，万物自有竞争法则的存在。务实的生活中，我们人类自然也会有狭路相逢的时候。古人对我们说："难得糊涂，吃亏是福。"凡是能吃亏的人，必有宽广的胸怀和超人的智慧，就像面对"舍"与"得"时，能舍的人，才能真正地得，能吃亏的人才能成为大赢家。

能吃亏是一种睿智、豁达，它能给你带来无尽的财富，参透其中道理的人会这样书写人生：

日本有一个叫岛村方雄的人，他从银行贷来一大笔钱作为原始资本，在麻绳原产地大量采购麻绳，然后再以收购价售出。整整一年，岛村先生把自己的时间和精力全都搭了进去，麻绳生意客户也不少，却没赚一分钱，连养活自己的钱都是他在别的地方打工挣的。有人就问他，这样子按收购的价格卖给别人，一分钱也不挣，白白地为别人服务，你不是吃亏了吗？岛村只是笑了笑，继续做着他的事业。渐渐地，他的"投资"终于换来了回报："岛村的绳索确实便宜"的名声被大家传开来，一时间他的订单铺天盖地地涌进来。

岛村心里有底，一直这样按原价卖出他并不赚钱，到了第二年，他拿着订单和售货单，对绳索的生产商说："我投入了这么多的时间和精力，为你们拉了这么多客户，但我至今一分钱也没赚过你们的！”为了稳住岛村的“客源”，厂商决定让利，把每条绳索价格降了5分。后来，岛村又和客户见了面。客户看了收据后，十分吃惊，因为天底下竟然有人愿意一年之内白白为大家服务而不赚分文，真不可思议。大家认为这样好的服务不好找，心甘情愿地把售价提高了5分。

这样从第二年起，岛村一条绳索就赚了一角钱，就这样他每天仍保持着1000万条的订单，利润高达100万日元。从零利润到日进百万，几年后，他就成了日本的“绳索大王”。

相信没有几个人像岛村这样做生意的，都说没有人愿意做赔本的生意，岛村做了，他以能吃亏的精神，为自己储蓄了财富。也许，刚开始的时候，看到岛村从原产地买进绳索，随即又以进价卖给客户，一分钱不赚，自己还要去给别人打工挣钱糊口，会有人嘲笑他是个傻瓜。即使不轻易下结论的人，会对这样的做法冷静地看待，但也不会做如此“吃亏”的事情。可是，很少有人明白，吃亏是一种睿智和豁达，也是一种魄力，一种能舍也能得的人生境界。

生活里有很多的琐碎，过于计较得失，会让人的眼界和心胸同时变得狭窄，活着本是一种生命的慷慨，不能吃亏的人却把自己变得俗不可耐。真正的智者从不会狭隘到不能吃亏的状态，孔融把大梨子让给别人，自己情愿吃小的，敢于吃亏，收获了一世的美名；雷锋总是想着别人，把为人民服务当作自己一生的使命，敢于吃亏，成为我们世代人学习的榜样；焦裕禄凡事从大局出发，把人民的事业当成自己的家事，敢于吃亏，赢得了民心。有时候，把能吃亏当成一种习惯，会为我们赢得整个人生。

意识流作家伍尔芙微笑着说，让我们记住共同走过的岁月，记住爱，记住时光。我们为何不也把嘴角轻扬，告诉自己我们要做能吃得亏的人，记住豁达，记住舍得。

顿悟舍得：

生活里有很多的琐碎，过于计较得失，会让人的眼界和心胸同时变得狭窄，活着本是一种生命的慷慨，不能吃亏的人却把自己变得俗不可耐。

9. 肯吃亏的人才不会吃大亏

人常说，吃亏是福，财去人安。善于忍耐、吃亏的人一般都平安无事。钱财乃身外之物，何不赤条条地来到这人间，又赤条条地去。能够吃亏、善于吃亏的人平安快乐，而且终究不会吃大亏。

“善有善报，恶有恶报”，这已经成了千古定律了。人生命的轨迹总是有可以预料之处，对于那些吃了亏的人，无论是社会还是人，总会给予相应或更多的回报。相反，总爱贪便宜的人最终也贪不到真正的便宜。

古今中外，不知有多少人因为贪眼前的小便宜而过早地毁灭了自己啊。因此，在社会生活中，做人做事必须记住“吃亏是福，财去人安”这条闪耀着哲理和经验之光的格言。

相传，上古时代有一只千年老蜗牛，硕大无比。蜗牛的左上角有一个国家，名叫“触氏”，蜗牛的右上角还有另外的一个国家，名叫“蛮氏”。

两国的土地极其肥沃，“抓一把就可以捏出油来”。按常理论，这两个国家的人足以丰衣足食、安居乐业，成为友好邻邦，或者是老死不相往来，高枕无忧，享受太平。可是“蛮氏”国的酋长老是瞅着对方的那片土地直咽口水，想要霸占对方的地盘。既然有了这种心理，于是就有了行动，趁着一个月黑风高之夜，他纠集了国内28000将士，直奔触氏。

然而，触氏首领也是爱占便宜之辈，老是想着怎么能从铁公鸡身上拔出毛，癞蛤蟆身上取四两肉出来，免不了向邻国偷偷摸摸，蠢蠢欲动，企图吞并蛮氏。这一来，正好下山虎遇着上山虎。触氏首领决定乘此良机，一举占领蛮氏，当即召集了3万条好汉，群情激奋，直扑蛮氏。

当朝阳初露的时刻，触蛮两国兵马在蜗牛头上这一片开阔的土地上短兵相接，无需下令，58000条汉子便胡乱地砍杀起来。直杀得血肉横飞，鬼哭狼嚎，飞沙走石，日月无光。3天之后，触蛮两国全军覆没，蛮酋长被拦腰斩成两段，触酋长身首异处。一眼望去，伏尸横野，阴风凄惨。多少年之后，有一位文人墨客途经此方，凭吊之际，但见尸骨遍野，不禁哀吟道："鸟无声兮山寂寂，夜正长兮风淅淅，魂魄结兮天沉沉，鬼神聚兮云幕幕。日光寒兮草短，日光苦兮霜白。伤心惨目，有如是耶？"

然而造物主似乎俯视而含笑，笑这些鼠目寸光、冥顽不灵的芸芸众生，往往为了蝇头小利，蜗角之地，征战杀伐，结果呢？多半是两败俱伤，死无葬身之地。

哲人庄子还讲过一个支离疏的故事。这个故事说明了在乱世中生活的奥秘，作为一个寓言，这个故事也说明了吃亏是福、祸福相互转化的道理，表面上的吃亏往往意味着实际上的占便宜。

南方楚国有一个人名叫支离疏。他的形体是造物主的一个杰作，或者说，是造物主在心情愉快时开的玩笑：脖子长如丝瓜，脑袋形如葫芦，头垂到肚子上，两肩高耸，超过头顶，顶后的发髻蓬蓬松松，似一窝雀巢，背驼得两肋几乎同大腿并列。好一个支支离离、疏疏散散的"美人坯子"！

支离疏却暗自庆幸，感谢上苍情有独钟于他。平日里乐天知命，舒心顺意，日高尚卧，无拘无束，替人缝洗衣服，簸米筛糠，足以糊口度日。当君王准备打仗，在国内强行征兵时，青壮汉子如惊弓之鸟，四散进入山中。而支离疏呢，偏偏耸肩晃脑跑去看热闹，他这副尊容谁要呢！所以他才那样大胆放肆，夜黑敲门心不惊啊！

当楚王大兴土木，准备建造王宫而摊派差役时，庶民百姓不堪骚扰，而支离疏却因形体不全而免去了劳役。每逢寒冬腊月官府开仓济贫时，支离疏却欣然前去领到3升小米和10捆薪柴，仍然不愁吃不愁穿。

一个在形体上支支离离、疏疏散散的人，尚且可以明哲保身，颐养天年，那么，把这种支支离离、疏疏散散从而遗形忘智、大智若愚的精髓运用到立身处世的方法中去，难道还不可以逢凶化吉、远害保身吗？

管仲是我国古代著名的政治家、改革家，在他幼年时，家境贫寒，与鲍叔牙为友，两人亲密异常，结下了深厚的友谊。

后来，管仲做了齐襄公大弟公子纠的师傅，鲍叔牙做了齐襄公小弟公子小白的师傅。当时齐襄公非常残暴，不问政事，残害忠良，被公孙无知所杀，国内大乱，管仲护着公子纠避难到鲁国，鲍叔牙随公子小白亡命于莒国。

几个月之后，叛乱被平定，公孙无知也被人杀死。齐国无人执政，国内混乱不堪，逃亡到鲁国的公子纠和逃亡到莒国的公子小白见时机成熟，都急着设法尽快回到国内，以便夺取国君的宝座。公子小白行动迅速，提前出发了，管仲在探知这个消息之后，为了公子纠的利益，带领一批精兵强将，连夜赶到公子小白回国的路上，设下埋伏，准备把公子小白射死在路途中。当公子小白一行来到设伏地点时，管仲操起弓箭奋力向小白射去，只听“咚”的一声，小白慢慢地倒在地上。管仲以为大功告成，放心地回去禀报喜讯。

其实，管仲的一箭并没有把小白射死，只是射中他衣服的带钩（腰带上的铜钩），小白当时急中生智装死倒在地上。经过此次事变，小白与鲍叔牙更加谨慎行事，整理好队伍后，大队人马急速秘密地向齐国挺进，终于赶在公子纠之前到达了齐都临淄，夺取了齐国国君的宝座，历史上称为齐桓公。

齐桓公当了齐国国君以后，准备请鲍叔牙出任宰相。鲍叔牙非常诚恳地推辞了，他对齐桓公说："我是个平庸之辈，以我的才能，不能使齐国富强，更不能替您成就霸业。您要想有所作为，还是请管仲来辅佐您吧。"齐桓公初闻此言，感到非常惊奇："管仲不是我的仇人吗？"提起管仲，齐桓公就愤愤不平，念念不忘那一箭之仇，恨不得把管仲剥皮抽筋，才解心头之恨。鲍叔牙对管仲的才能非常了解，他在齐桓公面前直陈管仲的英明盖世，说其乃安邦立国之栋梁，并恳请齐桓公抛弃前怨，化解旧仇。他替管仲解释说："那时候，管仲是纠的师傅，当然要为其主人谋利益。现在如果您能任他为相，他会为您尽忠尽瘁，此乃齐国之福也。"经鲍叔牙这样一说，齐桓公的气也就消了。

在管仲回到齐国以后，齐桓公亲自到郊外迎接。经过一番恳谈，齐桓公才发现管仲真乃旷世奇才，于是任命他为齐相，把辅政大权全部委托于他。管仲任相以后，进行了有名的改革，没过几年，齐国国富民强，齐桓公率先称霸，成为"春秋五霸"之首，他不禁得意地说："吾得管仲，犹飞鸿之有羽翼也。"

在道教的神话故事中，常常有这样的说法："当神仙想点化某个人时，必然会先考验这个人，让他吃无法想象的苦，忍受无法忍受的事情。"如果这一关过去了，那么这个人就会一步登天，从此超凡脱俗，神通无限。

**顿悟舍得**：

人生命的轨迹总是有可以预料之处，对于那些吃了亏的人，无论是社会还是人，总会给予相应或更多的回报。相反，总爱贪便宜的人最终贪不到真正的便宜。

10. 职场新人，敢吃亏才能成就自己

对于初涉职场的大学毕业生们，往往会被冠以“职场新生代”之名。这就像刚出生的婴儿一般，必须不断地依靠自身和可以获得的外界力量使得自己迅速成长起来，毕竟对于他们来说，外界的压力要大得多，同时也残酷得多。

已经习惯了十几年的校园生活即将结束，而换来的将是不安和兴奋并存的职场生涯，在这样一段特殊的转换期中，越能适应外界变化的学子们，也将越能生存。

小王大学毕业来到了一家公司，自己明白即将面对的是一个完全新鲜的环境。在这样的一个环境里，只有尽快地体现自己适应企业的能力，才能增加他生存下来的砝码。可是他发现自己的能力总是没有办法发挥出来，公司里的员工似乎总是与他作对，包括老板、人力资源经理、主管，甚至连前台小姐和公司司机对待他的态度都不是很友善。就算针对纯工作而言，也没有得到一点儿发挥自己长项的工作，难道他们真的没有意识到自己的能力吗？基于多日来的苦恼，小王找到了职业顾问请求帮助。

职业顾问分析到，目前整个职业市场危险进一步加剧，使大部分职业人都意识到应该学会如何应对职业安全感和职业发展的问题，而这些问题的核心在于我们如何通过科学有效的手

段和方法，结合相关专业资源的支持和判断来解决问题。

通过更深层的交流，职业顾问和小王共同总结了他工作中的弊端。

1. 对待不如自己水平的人态度要谦和

小王在进公司的时候，认为自己是大学毕业生，身份自然不同，所以在报到的那天对待前台小姐不是很礼貌，没有用“小姐，您好”等礼貌用语。而且在以后的工作过程中，往往也不用“谢谢”来感谢别人对他的帮助。

其实在工作的过程中，多表达对别人的敬意并时常恰当地使用礼貌用语是帮助你成功的一样法宝，因为这样不但可以提高你自己的个人修养，还能让你顺利地加入到工作团队中去。这个亏，相比下来，是“福”了。

2. 热心跑腿，合理的情况下多帮助别人完成工作

小王在工作中，一直觉得很难和其他的同事沟通。他们看起来似乎很忙，多希望有谁能空闲下来，教教他该如何工作。

其实老板将你招聘到公司就是希望你能马上适应工作，这其中也包括你要马上适应你的工作伙伴。可是他们不会等着你来适应，因为他们同样有工作压力。这个时候，多吃点亏，帮助别人完成他们分内的工作。只有这样，他们才会有时间和你交流，教你如何工作。例如：帮助他们送送文件，做个剪报，发个传真。当然这些事情的前提，是在不影响工作内容和他人工作质量的前提下。

3. 将老板交给你的工作，多加些创意，多动点脑筋

小王很不服气，他说老板根本就没有将合适的工作安排给他来完成，让他完成的就是那些整理数据库和文件夹之类的工作。

其实一个新手刚到一家公司，老板是不会将重要的工作项

目交给你来完成的。如何让老板对你的工作能力产生信心呢？这完全体现在工作开始的那些项目上。虽然不是很起眼或者很重要的工作内容，但仍然努力将工作认真完成，这其实就是在给你自己加分。如此说来，老板一开始安排的工作就算是“小儿科”，那也应该吃点亏，认认真真地完成。

大学生初涉职场，在明确自己的职业发展目标和方向的前提下，最重要的是对自己有效的工作经验的积累，学会从一个“学校人”变成“职业人”，逐步提炼自己的职业含金量和竞争优势，只有这样，才能保证在职场顺利发展。

顿悟舍得：

在工作的过程中，多表达对别人的敬意并时常恰当地使用礼貌用语是帮助你成功的一样法宝，因为这样不但可以提高你自己的个人修养，还能让你顺利地加入到工作团队中去。这个亏，相比下来，是“福”了。

卷八

帮人是帮己，付出是收获

生命就像山谷回声，你送出什么它就送回什么，你播种什么就收获什么，你给予什么就得到什么。当我们帮助了别人，就会油然而生一种无比的喜悦、极度的愉快。助人是快乐的，别人得到了温暖，自己得到了快乐。所以，我们时刻要铭记：给予就是获得。

1. 多为他人着想，要有一种无私的幸福观

有人说幸福就是需要什么就能得到什么。比如说，一个人需要吃饭、需要睡觉、需要上网、需要荣誉、需要亲情、需要爱情，如果都能实现，那么，这个人是幸福的。那么，什么是需要呢？需要就是一个人渴望解决自身内在问题的一种情感。一个人的内在问题自己是无法回避的，不解决是很难受的。

如果我们把幸福仅仅理解为满足个人需要、满足个人内在问题的解决，那么这种幸福就是一种自私的幸福。在这里，我们并不否认这一说法，而是要规范这一说法。幸福就是个人追求自身需要，追求自身内在问题的解决而获得的一种满足感。幸福分自私的幸福和无私的幸福。自私的幸福就是个人需要、个人内在问题的解决与社会需要、社会问题的解决不统一，甚至对立。无私的幸福就是个人需要、个人内在问题的解决与社会需要、社会问题的解决相统一。拥有这种无私的幸福观念的人，他们总是把个人需要、个人内在问题的解决与社会需要、社会问题的解决联系在一起。对他们而言，社会问题的解决就是他们个人问题的解决。我们不赞成那种把满足个人需要、个人内在问题的解决定性为自私行为，因为满足个人需要、个人内在问题的解决是人的本能。只要个人需要、个人内在问题的解决不与社会需要、社会问题的解决相对立，那么这种个人需要、

个人内在问题的解决就是合理的，就是应该受到尊重的。

任何事情都有一个度，幸福也不例外。人们不仅仅追求幸福，而且希望得到极大的幸福。对于一件事，不同的人会得到不同程度的幸福。如吃米饭，有钱人在这件事上不会感到明显的幸福感，这种幸福感甚至可以忽略不计；穷人在这件事上会有一定的幸福感；那些经常没饭吃的人会得到极大的幸福感；而对某些喜欢吃面食的人而言，不但不会有幸福感，而且还会感到一丝痛苦。所以，幸福并不是外界的给予所决定的，外界的给予只能给幸福创造条件，幸福来自需要幸福的主体的内在感受。

人的需要也有一个度的问题。幸福因需要而产生，需要是可以培养的，幸福感会因需要的增强而增强。

有些幸福是短暂的，如吸烟等，会因此时的幸福而导致彼时的不幸。现在的孩子大多是独生子女，父母往往对他们百依百顺，他们的童年无疑是幸福的。然而，他们最终将要走向社会，社会的复杂与无情，会使他们感到与父母在一起时大不一样，会感到无所适从。有些明智的父母，从小会给孩子进行适当的教育，这是对孩子幸福的可持续性负责。

幸福的可持续发展需要我们通过自身的努力而获得。

顿悟舍得：

幸福不应只存在于某一孤立的个体。如果一个人的幸福是建立在他人的痛苦之上，那么这种孤立于他人的幸福是不会长久的。如果一个人以多数人的幸福为幸福，以多数人的痛苦为痛苦，那么，他的幸福感将是极其强烈的，并且是无限持续的。

2. 有多大的爱心，就会有多大的成绩

爱心具有强大的力量，因为这是一切成功的最大秘密。要让爱成为最强大的武器，没有人能抵挡它的威力。

这是发生在美国的一个真实故事：

一个风雨交加的夜晚，一对老夫妇走进一间旅馆的大厅，想要住宿一晚。值夜班的服务生说："十分抱歉，今天的房间已经被早上来开会的团体订满了。若在平常，我会送二位到别的旅馆，可是我无法想象你们要再一次置身于风雨中，你们何不待在我的房间呢？它虽然不是豪华的套房，但还是挺干净的，因为我必须值班，我可以在办公室休息。"

老夫妇大方地接受了年轻人诚恳的建议，并对给他造成的不便致歉。隔天雨过天晴，老先生结账时，柜台里仍是昨晚的那位服务生，他依然亲切地表示："昨天您住的房间并不是旅店的客房，所以我不会收您的钱，希望您与夫人昨晚睡得安稳！"

老先生点头称赞："你是每个旅馆老板都梦寐以求的员工，或许改天我可以帮你盖栋旅馆。"

几年后，就在大家都不记得这回事的时候，这名服务生突然收到一封寄自纽约的挂号信。信里描述了那个风雨的夜晚发生的事情，并邀请他去纽约游玩。信中还附上了一份邀请函和去纽约的往返机票。

在抵达纽约曼哈顿后，服务生见到了这位当年的旅客。老先生指着街口的一栋华丽的新大楼说：“这是我为你盖的旅馆，希望你来为我经营，可以吗？”这位服务生惊奇莫名，说话变得结结巴巴：“您是不是有什么条件，您为什么选我呢，您到底是谁？”

“我叫威廉·阿斯特，我没有任何条件，我说过，你正是我梦寐以求的员工。”

这家旅馆就是后来全球著名的希尔顿饭店。1931 年启用，是纽约极致尊荣的地位象征，也是各国高层政要造访纽约下榻的首选。

当时接下这份工作的服务生就是乔治·波特——奠定希尔顿饭店世纪地位的人。

是什么样的态度让这位服务生改变了他的命运？毋庸置疑，他遇到了“贵人”，可是如果当天晚上是另一位服务生当班，会有一样的结果吗？乔治·波特奉献了自己的爱心，才使自己的命运得到改变，虽然是带有机遇性的偶然事件，但是却包含了必然性的因素。

“二战”中盟军统帅艾森豪威尔将军，有一天乘车回总部参加紧急军事会议。天气异常寒冷，空中飘舞着鹅毛大雪，地上的积雪也被碾成了冰，行走起来十分困难。汽车小心翼翼地在冰上行驶着。忽然，他看到一对法国老夫妇在路边，佝偻着身子，看样子冻得十分厉害。他赶紧命令身边的翻译官上前去询问有什么可以帮助的。坐在车上的参谋急坏了，赶紧阻止说：“我们的会议马上就要开始了，把他们交给当地警方处理吧？”艾森豪威尔听了，丝毫没有犹豫，他坚定地说：“不行，我命令你立刻下车处理这件事。要等当地警方来帮助他们，很可能他们就已经冻死了！”没办法，参谋和翻译官只好下车去问个究竟。原来，这对老夫妇正准备去巴黎投奔自己的儿子，但因为车子抛锚，前不着村，后不着店，不知如何是好。于是，艾森豪威尔立即把这对老夫妇请上车，特地绕道去了趟巴黎。送完这对老夫妇之后，才风驰电掣般地赶去参加紧急军事会议。

尽管艾森豪威尔根本没有行善图报的动机，然而，他的善行义举却得到了意想不到的巨大回报。原来，那天几个德国纳粹狙击兵虎视眈眈地埋伏在艾森豪威尔必经的那条路上，如果不是因善行而改变了行车路线，他恐怕就很难躲过这场劫难。如果艾森豪威尔因遭伏击而身亡，那么整个“二战”的欧洲战史就很可能会因此而改写！

没有爱心的人不会有太大的成就。不愿奉献、不能忍让、对人冷淡、缺乏爱心的人，不太可能得到别人的支持；失去别人的支持，离失败就不会太远了。有多大的爱心，就会有多大的成绩。

一个人即使才疏学浅，也能以爱心获得成功；相反，如果没有爱，即使博学多识也终将失败。

顿悟舍得：

没有爱心的人不会有太大的成就。不愿奉献、不能忍让、对人冷淡、缺乏爱心的人，不太可能得到别人的支持；失去别人的支持，离失败就不会太远了。有多大的爱心，就会有多大的成绩。

3. 付出爱的人总能得到回报

一味地贪图获取，只能满足自己的私欲。如果大度一点儿，甚至在关键时候不惜牺牲自己的生命，除了赢得人们的尊重外，还会获得幸福的回报。

有个人在沙漠中迷失了方向，饥渴难忍的他仍然拖着沉重的脚步，一步一步地向前走。走了很久，终于找到了一间废弃的房屋。这间屋很久无人居住了，风吹日晒，摇摇欲坠。

在屋前，他发现了一口吸水井和一个水壶，水壶壶口被木塞塞住，壶下有一个纸条，上面写着："你要先把这壶水灌到吸水器中，然后才能打水，但是，在你走之前一定要把水壶装满。"

这个人小心翼翼地打开水壶塞，里面果然有一壶水，然而他却面临着艰难的抉择，是该按纸条上所写的去做，还是把这壶水喝下去，保住自己的生命。

突然，一种奇妙的感觉给了他力量，他决心照纸条上写的做，果然吸水井中涌出了泉水，他痛痛快快喝了个够！

休息了一会儿，他把水壶装满水，塞上壶塞，在纸条上加了几句话："请相信我，纸条上的话是真的，只有当你把生命置之度外，才能尝到甘美的泉水。"

爱是无价的，它不需要回报，然而付出爱的人总能得到回报。爱是可以传递的，每一个人都献出自己的爱，不断地传递下去，世界将变得无限美好和温馨。

古罗马的大斗兽场几乎尽人皆知，那里面已经发生过千百次人兽相搏。至于那里出现过的一次奇迹，也许有的人还不曾听闻。

那次，在斗兽场上，人们把饿了好几天的狮子放了出来。当时，缩在墙角的囚徒罗支莱斯颤抖着拎起长矛，默默地祈祷。他想自己快要完蛋了，但愿狮子能给自己留下一个全尸。

饿极了的狮子一眼就瞅到墙角的人，它仰天长啸一声之后，便迫不及待地猛扑上去。罗支莱斯眼睛一闭，把长矛向前一刺，狮子却灵巧地避开了。就在这千钧一发之际，那只狮子突然停止了进攻，并且围着罗支莱斯打起了转转。然后它又忽然停了下来，缓缓地在罗支莱斯身边卧了下来，温顺地舔着他的手和脚。

全场顿时鸦雀无声，不一会儿猛地爆发出热烈的欢呼声。罗马皇帝也大为惊讶，破例把罗支莱斯叫上看台来询问原由。

原来在 3 年以前，罗支莱斯在路边发现了一只受了重伤的狮子，他小心翼翼地给狮子包扎了伤口并照料它直到伤口愈合，才送它回到森林。当天在斗兽场里遇见的正是这只狮子！

听完了罗支莱斯的讲述，罗马皇帝也大为感动，立即赦免了罗支莱斯。

顿悟舍得：

人要保持一颗爱心，热爱他人，热爱自然，热爱动物，热爱人类。当把爱洒向万物时，也就等于把爱给予了自己。

4. 做精神上的天使，用爱心感染别人

真正了解别人的痛苦，尽心为别人做好事的人，会得到别人的爱，也会感到人生的意义。找到了生命的意义，每个人都能做些了不起的事。

有个叫乔治的17岁少年投海自杀，被警察救起。他是个美国黑人与日本人的混血儿，很愤世嫉俗。一位老太太到警察局要求和青年见面，警察同意她和青年谈谈。

“孩子，”乔治扭过头去，像块石头，全然不理，老太太用安详而柔和的语调说下去，“孩子，你可知道，你生来是要为这个世界做些除了你以外没人能办到的事吗？”

她反复说了好几遍，少年突然回过头来，说道：“你说的是像我这样一个黑人？连父母都没有的孩子？”老太太不慌不忙地回答：“对！正因为你的肤色是黑的，正因为你没有父母，所以，你能做些了不起的事情。”少年冷笑道：“哼，你想我会相信这一套？”

“跟我来，我让你自己瞧。”她说。老太太把他带回小茶室，叫他在茶园里打杂。虽然生活很清苦，她对少年却爱护备至。

生活在小茶室中，乔治慢慢地也心平气和了。老太太给了他一些生长迅速的萝卜种，10天后萝卜发芽生叶，乔治得意地吹着口哨。他又用竹子自制了一支横笛，吹奏自娱。老太太听

了称赞道："除了你，没有人为我吹过笛子，乔治，真好听！"

少年似乎渐渐有了生气，老太太便把他送到高中念书。在求学的那 4 年，他继续在茶室园内种菜，也帮老太太做点零活。高中毕业后，乔治白天在地下铁道工地做工，晚上在大学夜间部深造。毕业后，乔治在盲人学校任教，他对那些失明的学生关怀备至。

"现在，我已相信，真有别人不能做而只有我才能做的事情了。"乔治对老太太说。

"你瞧，对吧？"老太太说，"你如果不是黑皮肤，如果不是孤儿，也许就不能领悟盲童的苦处。只有真正了解别人痛苦的人，才能尽心为别人做美好的事。你 17 岁时，最需要的就是有人爱惜你，没有人爱惜，所以那时想死，是吧？你大声呐喊，说你要的根本不可能得到，根本就不存在——可是后来，你自己却有了爱心。"

乔治心悦诚服地点点头。老太太意犹未尽，继续侃侃而言："尽量爱护自己的快乐。等到你从他们脸上看到感激的光辉，那时候，甚至像我们这样行将就木的人，也会感到活下去的意义。"

爱会改变一切。爱把温暖和幸福带给亲人、朋友、家庭、社会、人类。爱是永恒的主题，持久的构思，多彩的内容。我们不能看到罪恶就否定这个世界没有爱，就像不能看到礁石就厌恶海洋，看到死亡就否定生命一样。富有爱心的人，不但自己的生活充实快乐，而且还能感染别人。

如果我们富有爱心，虽然并不富有，没有高贵的地位，没有显赫的声名，没令人艳羡的财产，但是在精神上，我们却是天使。

顿悟舍得：

我们不能看到罪恶就否定这个世界没有爱，就像不能看到礁石就厌恶海洋，看到死亡就否定生命一样。富有爱心的人，不但自己的生活充实快乐，而且能感染别人。

5. 帮人就是帮己，助人就是利己

每个人都想在遇到困难的时候得到别人的帮助，那么，最好的方法是什么呢？方法很简单，尽自己最大的能力去帮助别人。

在一个路口发生了堵车的事件，其实当时车并不算多，只因为那儿的红绿灯坏了，人们便互不相让，争着往前开，结果许多车横在路中间，弄得谁都过不去。当时如果大家都能相互让一下，可能早就都过去了，不至于堵半天。

这会让我们想到这样一个故事：

有人曾和上帝谈论天堂与地狱的差异问题。上帝对这个人说："来吧，我让你看看什么是地狱。"他们走进一个一群人围着一大锅肉汤的房间。每个人看来都营养不良，绝望又饥饿。每个人都拿着一只可以够到锅的汤匙，但汤匙的柄比他们的手臂长，没法把东西送进嘴里。他们看来非常悲苦。

"来吧！我再让你看看什么是天堂。"上帝说。他们进入另一个房间，这个房间和第一个没什么不同：一锅汤、一群人、一样的长柄汤匙。但每个人都很快乐，吃得很愉快。因为他们互相用自己的汤匙舀肉去喂对方。

因为自私，人们不肯帮助别人，不肯为别人牺牲自己的一丁点儿利益，结果却是害人不利己，自己失去了很多。其实，帮助别人就是帮助自己，为别人付出的同时，快乐便会进入你的心中，相反，如果困守在自设的真空中，不肯接受帮助也不愿意付出，那很有可能使自己窒息，很有可能像地狱中的人们一样，守着食物饿死。

有一只蚂蚁正在外面闲逛，忽然一阵强风把它从地上卷了起来，吹到池塘里面去了，蚂蚁因为不会游泳，只能在水里奋力挣扎并大喊救命。

这时，一只鸽子正好经过池塘，听到有人喊："救命啊！救命啊！"于是停下来找，听声音是从哪来的。在水池中挣扎的蚂蚁看见了鸽子，便拼命喊道："我在池塘里，快救命啊！"

鸽子看到池塘中快被淹死的蚂蚁，赶忙叼了一片树叶丢到了池塘中。快被淹死的蚂蚁使出全身力气，好不容易才爬上了树叶，然后随着树叶慢慢地漂到池塘边，这才算是捡回一条命。蚂蚁心存感激地对鸽子说道："谢谢你救了我，我一定不会忘记你！"

过了很久，一天蚂蚁正在外面寻找食物，突然看见森林里一个猎人正在用枪瞄准树上的一只鸽子。它仔细一看，正是曾经救过自己的那一只。

而正在树上休息的鸽子此时并没有觉察到猎人的枪口正对着它。

蚂蚁不顾一切地快速爬到猎人脚下，狠狠地咬了一口。猎人疼得大叫，手中正在瞄准鸽子的枪掉在了地上，这一下惊动了鸽子，它吓得立即飞走了。

这虽然是一个童话，但所反映的道理却值得人们深思。不管何时，不管何地，只要我们肯付出，就能得到回报。只有在别人需要帮助的时候不假思索地伸出援助之手，才能在陷入危机时得到别人的帮助。

顿悟舍得：

帮助别人就是帮助自己。生活中当我们为别人付出的时候，自身就会体验到快乐，因为付出也是一种快乐。为别人付出我们的爱心，就种下了一片希望，会有硕果累累的一天，品尝到丰收的喜悦。

6. 付出一分关怀，得到一分关爱

如果一个人没有好的人缘，处处受到排挤和冷落，那么他很难办成一件事情，甚至连尝试的机会都没有。受到欢迎，是我们做成事的前提，那么，怎样才能使自己受欢迎呢？

生活奉行的是对等原则，你怎样对待别人，别人就怎样对待你。如果我们只是要在别人面前表现自己，使别人对我们感兴趣的话，我们将永远不会有许多真实而诚挚的朋友，甚至会引起别人的反感。要使别人重视你，首先要重视别人，对别人感兴趣。对任何事都漠不关心的人，也不会有人关心他。不对别人感兴趣的人，他一生中的困难会很多，对别人的伤害也会很大。

有一次吉索亚在新西兰大学选修一门短篇小说写作课程。在课程中，柯里沃杂志的主编到班上讲课。他说，他拿起每天送到他桌上的数十篇小说，只要读几段，就能感觉出作者是否喜欢别人。“如果作者不喜欢别人，”他说，“别人就不会喜欢他的小说。”这位激动的主编，在讲授小说写作的过程中说：“我现在所告诉你们的是，你必须对别人感兴趣，如果你要成为一名成功的小说家的话。”

如果小说写作真是如此的话，可以肯定，待人处世也是如此。斯顿最后一次在百老汇上台的时候，吉索亚花了一个晚上待在他的化妆室里。斯顿——被公认为魔术师中的魔术师，前后40年，他到过世界各地，一再地创造幻象迷惑观众，使大家吃惊得喘不过气来。共有6000万人买票去看过他的表演，而他赚了几乎两百万美元的利润。

吉索亚请斯顿先生告诉他成功的秘诀。斯顿的成功与学校教育没有什么关系，因为他很小的时候就离家出走，成为一名流浪者，搭货车，睡谷堆，沿门求乞。

他告诉吉索亚，关于魔术手法的书已经有好几百本，而且有几十个人跟他懂得一样多。但他有两样东西，其他人没有。第一，他能在舞台上把他的个性显现出来。他是一个表演大师，了解人类天性。他的所作所为，每一个手势、每一个语气、每一个眉毛上扬的动作，都在事先很仔细地预演过，而他的动作也配合得分秒不差。第二，他对别人真诚地感兴趣。他告诉吉索亚，许多魔术师会看着观众，对自己说："坐在底下的那些人是一群傻子，一群笨蛋，我可以把他们骗得团团转。"但斯顿的方式完全不同。他每次一走上台，就对自己说："我很感激，因为这些人来看我表演，他们使我能够过一种很舒适的生活，我要把我最高明的手法表演给他们看看。"他宣称，他每一次在走上台时，都是一再地对自己说："我爱我的观众，我爱我的观众。"

吉索亚认为，斯顿的成功秘方就是如此简单，那就是对他人感兴趣。这就是一位有史以来最著名的魔术师所采用的秘方。

对别人表示你的兴趣，你的关心，不但可以让你交到朋友，了解他人，也是让你得到重视和欢迎，赢得成功机会的外在起点。当别人感到有压力时，当别人无助时，你的一句轻声问候和关怀无疑是最好的灵丹妙药，即使治不好他的心病，至少也能减轻他的痛楚。在工作或者生意交往中，不要限于工作或冷冰冰的谈判，要给人一些出人意料的各方面的关怀，这往往能使对方感激备至，铭记在心。

纽约的一家北美国家银行出版的刊物中，登出一位储户罗丝的信。

“我真希望您知道我是多么欣赏您的员工。每一个人都是如此的有礼、热心。在排了长时间的队之后，有位员工亲切地跟你打招呼，真是令人感到愉快。去年我母亲住了十几个月院，我经常碰到一位员工玛萝，她很关心我母亲，还问了她的近况。”

罗丝是否会继续和这家银行往来，实在是不用怀疑了。能关心对方的亲人，往往比关心对方本人还使人感激。

华斯特属于纽约市一家大银行，奉命写一篇有关某一公司的机密报告。他知道某一个人拥有他非常需要的资料。于是，华斯特先生去见那个人。他是一家大工业公司的董事长。当华斯特先生被迎进董事长的办公室时，一个年轻的妇人从门边探头出来，告诉董事长，她这天没有什么邮票可给他。

“我在为我那 12 岁的儿子搜集邮票。”董事长对华斯特解释道。华斯特先生说明他的来意，开始提出问题。董事长的说法含糊，模棱两可。他不想把心里的话说出来，无论怎样好言相劝都没有效果。这次见面的时间很短，没有实际效果。“坦白说，我当时不知道该怎么办，”华斯特先生说，“接着，我想起他的秘书对他说的话——邮票，12 岁的儿子……我也想起我们银行的国外部门搜集邮票的事——从来自世界各地的信件上取下来的邮票。

“第二天早上，我再去找他，传话进去，我有一些邮票要送给他的孩子。我是否很热情地被带进去呢？是的。他满脸带着笑意，客气得很。‘我的乔治将会喜欢这些，’他不停地说，一面抚摸着那些邮票，‘瞧这张！这是一张无价之宝。’

“我们花了一个小时谈论邮票，瞧他儿子的照片，然后他又花了一个多小时，把我所想要知道的资料全都告诉了我——我甚至都没提议他那么做，他把他所知道的全都告诉了我，然后叫他的下属进来，问他们一些问题。他还打电话给他的一些同行，把一些事实、数字、报告和信件全部告诉我。以一位新闻记者的话语来说，我大有所获。”

如果你是一位管理者，经常给下属一些富有人情味的关怀，必然会得到尊重和爱戴，你的团体将富有凝聚力，即使在危机来临时，也能齐心协力地克服。要表示你的关切，这和其他人际关系一样，必须是诚挚的。这不仅使付出关切的人有成果，接受关切的人也一样。多关心一下他人吧，你会得到比那多很多倍的关爱。

顿悟舍得：

对别人表示你的兴趣、你的关心，不但可以让你交到朋友，了解他人，也是让你得到重视和欢迎，赢得成功机会的外在起点。

卷九

恋是为爱，分手也为爱

在爱的世界里，执着固然让人钦佩，但有时也难免给别人造成压力和伤害，所以放手也是一种大爱；在爱的世界里，华丽富有的爱纵然让人艳羡，但却并非人人适合，所以有时必须舍掉那双不合脚的鞋；在爱的世界里，如果你的眼中只有你自己，那你一定得不到对方的真爱，所以付出才是爱的主旋律。学会爱，你才能获得真爱。

1. 对不能担起的爱要及时放手

有时候我们以为自己懂得爱，单纯地以为喜欢就是爱，可生活是残酷的，有些爱需要沉淀。

他 16 岁便迈进了工厂，在这之前他上了两年技校，但没有拿到毕业证，他由于打架被开除了。

他喜欢上夜班，因为他和他的朋友们都习惯白天睡觉，晚上打牌。

她来他们工厂时，有一张苍白的脸，长发总是扎成一条端庄的辫子。他感觉她和其他女孩不同，他觉得她很美。

他无法控制自己，觉得放弃追求她自己会后悔的。他开始寻找机会用 18 岁的心灵和单薄的双肩去关注她，照顾她，一往情深。

有一天，他请她看电影，办法虽然幼稚了点，但可以显出他的痴情。她笑了，委婉地拒绝了他，像对待一个不小心犯了错误的弟弟。那天他知道她大他 8 岁，但他不在乎，仍然倔强地说：我 14 岁时曾有过一个大我 6 岁的女友。

元旦厂里聚会，他提议打牌，谁输了谁就得满足对方一个要求。结果她赢了，他问她最想要他做什么，说实话，他愿意为她做任何事。“把烟戒了吧！”她静静地说。他愣住了，除了妈妈这样关心过自己之外，没有别人再会这样了。

他喜欢亲近她，在她面前他的暴戾和玩世不恭没有了，为了她，他变得渐渐成熟。他尽可能地帮她做事，上下班帮她搬自行车，下雨时给她拿雨衣……她每次都说“谢谢”，可他真的发自内心的不需要谢，她永远不会明白他多么渴望她能感知他的存在，重视他的用心良苦。

那天下夜班，他等她一起走，她正背对着门梳头发。这是他第一次看见她披散长发的样子：乌黑亮丽的头发，柔弱无骨的双肩，苍白消瘦的双手……他静静地站在她背后，然后就情不自禁地紧紧抓住那只冰凉的手，他感到了一阵轻微的战栗。“啪”的一声，是梳子滑落到地上的声音。她挣脱他的手，弯腰去捡梳子，当时那心悸的感觉几乎把他击倒。她没有再正眼看他，警觉地对他说，她已经结婚，非常幸福，儿子已 3 岁。他不记得自己是怎么离开那里的，只记得自己一路飞跑，狂奔了很久，仿佛只有这样才能掩饰那受伤的心情。他心里在一万次地责怪那个做了她丈夫的男人：“他怎么可以把她照顾得如此消瘦苍白？他怎么可以让她下夜班一个人走那么漫长的夜路？”

那天以后，她和从前一样收藏他 18 岁的多情和脆弱，并且使他明白踏实和执着是做人应具备的品质。

除夕之夜，他踏着冷风和喜庆的爆竹声，不知不觉地来到她家楼前。他知道他们全家一定在共享团圆，她根本不可能在这时想到他，可他只想来这里看一眼，哪怕是她家的窗帘。她家的阳台漆黑一片，像辉煌灯火中的一个黑洞洞的缺口，与这欢乐祥和的气氛显得格格不入。他轻轻地上了楼，门内的死寂和邻居的欢笑声形成鲜明的对比。他犹豫了一下，还是大胆地叩响了门。

门打开了，她独自站在黑暗中，更加苍白的脸，表现出和他一样的惊奇。这是他第一次走进她的家，走进她的生活。她打开灯，墙上很醒目地挂着她的结婚照，她的丈夫很帅，照片上的她健康而丰满。忽然，他看到旁边桌子上端正地放着她丈夫的大幅黑白照片。她回头望着他，苍白的脸在昏暗的灯光下显得凄楚无奈：“他已经3年没陪我过除夕了，儿子没见过爸爸，我丈夫刚和我结婚3个月就死了，车祸。”说话的声音完全淹没在了哭泣中，她孤独地释放着这一切。他一把拥她入怀，在普天同庆的时刻，让她在他怀中放声地哭泣。窗外五彩的烟花一阵阵照亮漆黑的夜空……

他终于明白了，18岁的肩膀太稚嫩，根本负担不起怀中这个女人似海的深情，他只能选择放弃……

很多时候，人们过分贪婪，看到好的东西就因为不舍得而不放弃，所以会不顾一切地希望占为己有，其中让人最不能放弃的就是爱——包括我们对别人的爱和别人对我们的爱。

很多时候，我们长大了但却还像一个小孩子，喜欢死死抓着一个东西不放，但不是因为真的喜欢，有时甚至不知道它的用处，就是紧紧抓着不放手，于是我们再也不能腾出手来抓住在我们面前稍纵即逝的真爱。

顿悟舍得：

很多时候，人们过分贪婪，看到好的东西就因为不舍得，不放弃，所以会不顾一切希望占为己有，其中让人最不能放弃的就是爱——包括我们对别人的爱和别人对我们的爱。但并不是所有的爱你都能担负得起的，如果自己的肩还不够宽阔，就不要非得扛起别人的人生，这样是对他人的不负责，也是对自己的不负责。

2. 舍得虚荣的爱，选择朴实的情

虚荣的爱是不真实的，选择那个最适合自己的人才能一辈子幸福。如何选择也许是自己内心的一种成长。

大二那年暑假，王楠与同系的同乡女同学花儿一起回家，一天一夜的长途颠簸，把他们折腾得精疲力竭。他们先到了王楠的山村老家，天色已经很晚，花儿要回家还要爬十里山路，王楠怕花儿有危险，于是提议到他家先暂歇一晚。花儿迟疑了一下，答应了。

家里人见到他们回来了，非常高兴，从木柴堆里挑出最好的柴火为他们准备晚饭，还将家里封存了整整一年的酱肉酒枣开了坛。村子里的一些乡亲一传十十传百，纷纷赶到他家来，他们围着花儿问长问短，甚至还将花儿与二虎领回来的媳妇相比。那一晚，花儿的脸涨得通红通红，而王楠则在一旁低着头懒得辩解。

第二天一大早，花儿就离开了。整个暑假，为了上学的费用，王楠一直在亲戚承包的镇办工厂打工，所以也没有时间回家跟他父母澄清误会。

大三暑假，他又一次回到家里，但与第一次不同的是，他没有带花儿，而是正儿八经地带着女友婷婷。婷婷是城里人，大方、美丽，来到山村，对一切都表现得那么好奇。尽管他的父母也一样热情地招待她，但是从父母的脸色他可以看得出，他们对婷婷并不满意。

有一次，母亲将王楠单独拉到一边，问："上次来咱家的那个女娃呢？"

"哦，她是我的一个同乡的同学，只是来咱家歇脚的。"

任凭王楠怎样解释，母亲就是不肯相信。她只一味地坚持着一个理儿，一个山里的女娃娃，如果不想嫁给你，是根本不可能到你家来睡觉的。王楠哭笑不得。

整个假期，母亲总是客客气气、不冷不热的样子，而父亲大部分时间干脆是一声不吭。甚至有一次，父亲背着王楠还跟大叔说，娃到了城里学坏了，还害了人家一个挺好的女娃娃。这话被王楠不小心偷听到了。第二天，王楠带着婷婷不声不响地回了学校。

一天，王楠正与室友在寝室一边打牌一边吼唱着火热的劲歌，不料父亲闷声不响地出现在寝室门口。他一下子愣了，放下手里的牌，招呼父亲进来。

父亲带了一些咸菜和干馍片，还掏出了温热的200元钱来。王楠颤抖着手，不敢接父亲递过的钱。与婷婷每次出去跳一次舞，至少会花去100多元，而且他早已"弹尽粮绝"，负债累累了。他实在不忍心接父亲的钱，父亲不容分说硬是将钱塞到他兜里，还拉着他，悄悄地说让王楠带他去看看以前的那个女娃。

王楠感到十分惊讶，忙说花儿到兄弟院校参加大学生辩论会去了，今天正好不在学校。父亲根本不信，说王楠又在撒谎骗他。最后父亲拗不过王楠，也觉得没有办法，只是说他生了个不成气的儿子，对不起人家女娃。

父亲走后，王楠的心里久久不能平静，回想起自己与婷婷一年多的相恋，清楚地明白他们的爱最多不过是一场无言的结局。她对大都市生活的那份眷恋与他这个从山村走出来的农家娃显得格格不入。尽管他曾做过多次的努力，但他不能骗自己，两个生活境界不同、志趣也不相投的人，是很难走到一块儿的。婷婷对爱的看法，更多的是一种不求天长地久，但求曾经拥有的游戏心理。

花儿的辩论会终于以获胜结束了，王楠怀着犹豫不决的心情敲响了她寝室的门，只她一个人，正抱着吉他，在唱许茹芸的《独角戏》。

王楠安静地坐在她的床上，与她相对，听她投入地唱着，不去惊动她。她顾不得理王楠，一个劲儿地唱。弹唱完了，她的眼泪也滴了下来。王楠急忙问："你怎么了？"

她将眼睛低下来："我前两天在回学校的路上碰到你父亲了。"

王楠一下子有点紧张，站起来，"他都跟你说了些什么？"

"也没什么，只是不住地向我道歉。"花儿一下子将脸仰起来，望着王楠。

看到她满脸的泪花，王楠却不知如何安慰。那一刻王楠才发现，花儿的心里一直在等他，而事实上他的心里又何尝没有花儿？

他们的关系发生了微妙的变化，他和花儿没有任何名义，出去玩了好几次，但都十分小心，没有任何的表白。不是他不想，而是因为他一直怀疑，他可能同时爱上了两个女孩。

那样的日子十分痛苦，但他渐渐明白，婷婷更多地代表着他的浮躁，而花儿则是他质朴的内心；婷婷是一只珍贵的百灵鸟，而花儿是一只朴实的家雀。

现在想想，在那个偏僻的山村里与父亲相亲相爱了一辈子的母亲说得一点儿没错，一个女娃不想嫁给你，是不会来你家睡觉的。

爱的真谛，在父母那里得到了真传。

顿悟舍得：

真爱不是没来过，只是有时不易觉察，不易识别，叫人绕过好大一个弯，才峰回路转。对华而不实的爱，我们要尽早看明白，该放下的放下，及时抓住那份实在的感情，这比什么都重要。

3. 成全之爱比占有之爱更伟大

因为爱你所以选择离开，因为爱你所以不去破坏你拥有的一切，爱情有时候只是一种回忆。

大学毕业之后，雪来到了一家图片公司，路腾就坐在雪对面。在单位没事干，雪就贡献出极品碧螺春与他喝茶聊天。有一回路腾告诉雪说，他很喜欢雪，等到下雪了，他要约雪去堆一个大大的雪人。无意中雪深深地记住了他的这句话，等待着冬天的到来。雪随手画了一个很可爱的小雪人，嵌进了一个钥匙链的挂牌上，想着等有那么一天，找个合适的理由送给他玩。

和路腾共处一室，久了，竟习惯了每天和他在一起的日子。因为工作关系，雪和路腾经常出双入对，就被同事们打趣说他们是一对儿。雪知道是开玩笑，大家谁都没有放在心上。有一天，路腾一直没有来上班。整整一天，雪独自发着呆，竟然产生了一种从未有过的空虚。那个雪人钥匙链一直握在手里，雪一遍遍地看着。终于坐不住了，雪去了路腾的家。

路腾生病了，雪找了他的邻居来，把他送到了医院。雪轻轻地抚摸着他的手，生怕弄醒他。那一刻，雪的泪一滴一滴地落在了他的手背上。

等雪离去的时候，天已黑透。路腾一直在昏睡中。临走，雪把那个小雪人的钥匙挂链放在了他的枕头边。

第二天下了班，雪买了袋他喜欢吃的糖炒栗子去医院看他。隔着窗户见一长发女孩坐在他的床边。那时他已醒了，同那女孩开心地说着什么。雪感觉到这时自己很多余，实在没有勇气进去。

路腾很快就上班了。从那天之后，那个长发女孩开始频繁地出入于雪的单位，或者在楼底下等路腾。

一天，雪抬头看路腾，他的手指上正转着一串钥匙链，雪一眼就认出，那个钥匙链是自己留给他的。路腾发现雪在看他，就把手中的钥匙链递过来，说："这是她送给我的一个钥匙链，我最喜欢的，上面有一个可爱的小雪人……"

雪再也待不下去了，去了另外一家杂志社。

转眼一年过去了。

那天，快下班时，路腾给雪打来了电话。接到他的电话，雪感到很意外。在电话里，他说："小丫头，我爱你。"听到他的话，雪的心狂跳起来，但是雪又突然想到那天是4月1日，便自嘲道："别胡闹了，路腾，是不是通知我去喝你的喜酒？"话筒那边，路腾立刻笑了，他说："节日快乐。"

路腾真的结婚了。

路腾结婚之后，雪一直没有同他联系。很快又过去了半年。一天，她下了班路过体育馆，竟意外地见到了路腾画展的宣传画。雪不由自主地走了进去。当走到画廊尽头的时候，雪再也不能往前走了。眼前站着的，竟是久别的路腾。在雪还没有来得及隐藏脸上的期待的时候，竟然见到了日思夜想的他！这一次，是他们之间唯一的一次长时间的沉默。

从画廊出来的时候，天上开始飘雪。路腾问雪是否还记得他曾说过要约雪堆雪人。

雪和他沿着建国街一直往前走，不知走了多久，也不知到底有多晚了，路上的行人都少了。到了一棵大树下，雪靠着站住了。路腾站在雪面前，看着雪，终于忍不住把雪一把抱在了怀里。雪在他的怀里激动地发抖。路腾说："小丫头，为什么这么晚才让我知道你是爱我的？"

雪说："那你呢，为什么不告诉我你爱我？"

雪依然在下。他吻了雪，疯狂地吻她的脸，她的唇，她的头发，突然从他身上掉下了一样东西。雪俯身拾起，竟然是雪的那个雪人钥匙链。看到钥匙链，路腾慌忙松开了雪。他说："我不应该这样，我妻子对我非常好。我知道单凭她在我病床边守候的那一天，单凭她煞费苦心送给我的这个雪人钥匙链，就足够让我守候她一生了。"

雪在黑暗里流了泪。雪把钥匙链重新放回到了他的口袋，最终什么都没有说。雪只是在眼泪里对他微笑。

从那天以后，雪再也没有见过路腾。他给雪发过一封信，他告诉雪，他们有了小孩。雪见到了他们的全家福，小孩白白的，靠在他妈妈的怀中，雪忽然发现，他的孩子与钥匙中的那个小雪人是那么的相像。

爱情有时会同我们开一个玩笑，乔装打扮而来，相遇却又错过。有时候，它会让人感到很甜蜜，酷似幸福，但它并不真的等同于幸福。

也许上天故意让我们在遇到生命中的真命天子之前，遇到几个有缘无份的人，这样我们才能学会去珍惜这份迟来的礼物。随着一切冲动、激情、浪漫的消失，你对那个人的关心及牵挂仍然丝毫未减，那便是爱了。

当春天来临的时候，我们要对自己说："这是春天了！"心里就会泛起茸茸的绿意。当秋天来临的时候，我们先不要去想可能的灾年，我们还有漫长的冬季来得及考虑这件事。

当我们在茫茫人海中相聚在一起的时候，请不要踌躇片刻后的别离。

顿悟舍得：

当面对爱的诱惑时，如果这份爱已经有了主人，即使心动了，也不要行动。要学会冷静，因为爱，所以要懂得成全。别让对方背叛爱他的人，就是对他最好的爱。

4. 珍惜现在拥有的，错过的不再留恋

人有悲欢离合，月有阴晴圆缺。春华秋实，斗转星移，逝者如斯，往日不会再现，请珍惜最初的感动。

他和她曾经是高中同学，多年以后在陌生的城市相遇，理所当然地住在同一屋檐下，彼此有个照应。

每晚临睡前，她穿着睡衣，柔顺的秀发披肩，立在他的房门口轻声问："明天你想吃什么？"而他，总在她的电脑死机或灯泡短路时，很有豪气地拍拍她的肩膀："放心，一切有我。"她曾开玩笑地告诉他："我在替你将来的枕边人照顾你的起居，等她出现时，接管你的生活。"

有她精心调理他的生活，他着装越来越有档次，洁净的外表和成熟幽默的谈吐吸引了越来越多的女孩。他与一群青春焕发的女孩坐在客厅谈笑风生时，她退到一边，她明白他们的明天已渐渐偏离。27岁的女人再经不起等待，而27岁的他却风华正茂，逐爱正烈。

她默默地搬离，只留下一个QQ号码。她在心里告诉自己："如果半年内，他意识到我的重要，我就跟他回家。"隔着显示屏，他只有客套的寒暄，简直冷漠至极。有几次，她想抛开矜持说些感性的话题，他却断然打住话头，直言不讳地说："没事你先忙吧，我在泡'MM'。"她知道，无论生活中抑或网络

里，她只是他再普通不过的老同学。

她QQ的好友栏里只有一个头像，每天她都像个守望者，守望着它的明灭，像她的爱情世界。除了半年的等待，一切皆空白，而他却浑然不知。

28岁那年，她嫁给了一个愿意照顾她的男人，他在QQ里恭喜她："爱情甜蜜，婚姻和美。"她掩面而泣，泪水顺着指缝滴落到键盘上，他却看不见，生命中唯一一朵情花未展露芳华，便已凋零。

婚后的生活平淡而从容，原来全心全意为一个人洗手做羹汤，并不需要爱情。只是在每个深夜，她静默地上线，怔怔地望着好友栏上咖啡色头像，听他描述现在的爱情和生活。她把心遗留在他身上，充其量，也只是他生命中的一个匆匆过客。

30岁生日那天，他在QQ里留言："到现在才知道自己需要什么，我很想念你做的红烧猪肉炖粉条和小鸡炖蘑菇。"她的心狂跳不已，慌乱中匆匆下线。第二天，她下厨做了这两道菜，老公吃着热气腾腾的饭菜，惊喜地说："想不到你做东北菜这么拿手，可惜我今天才尝到！"她伸手抚弄老公额前的抬头纹，蓦然间，自觉亏欠他太多。他给她丰衣足食的生活，甚至宽容她对另一个男人孜孜不倦的爱情，而她竟连几道菜都吝于付出。

自此，她专注于婚姻经营，只有一个好友的QQ不再登录。两年后收到他的"伊妹儿"，新婚燕尔的他说："那时候我太小也太傻。"信末他说："如果你想结婚的时候，我刚好在，多好。"

铅华洗尽，他们终于明白，情花曾开，只是错过了彼此的花期。

生活最终教会我们：就在我们等待、犹疑中，岁月被蹉跎，花期被错过，种种美好却在无声无息中溜走了。

顿悟舍得：

当你觉得错过一段美好情缘时，你是否检讨过，曾经你没有真正在情意来临时舍得为对方付出真心，哪怕用心一点点，或许你就会有收获；而当你为一段情付出过以后，你便无需再为没有结果而伤感，有些东西注定不属于你，而属于你的跑也跑不掉。

5. 爱没有理由，它让你心甘情愿地付出

爱是怜惜，是那种发自心底的关怀，是惺惺相惜；爱是希望他健康着平安着幸福着快乐着，是在我之外任何美好的存在；爱是等不回心中的那个人，是长长的、丝丝缕缕的相思，痛苦着却也甜蜜着；爱是发自内心地想对他好，是希望他进入自己的生活。

王强接到大学录取通知书时，母亲把家里的大半积蓄拿出来给他说："娃，城里不比咱乡下，吃穿不如人就会被人看不起，以后谈对象就难……"

自从见到王强的表弟美若天仙的女友后，要强的母亲对儿子又多了一份希冀，她更加没日没夜地劳作，同时写信劝他在大学里遇到合适的女同学就谈一个。

大二结束了，班上只有王强还是不快乐的单身汉。在一同进入大学的6位老乡中，似乎只剩下他和见到男生就脸红的苗苗，一个个美丽的双休日变得冷冷清清的。

劳累过度的母亲病倒了，但她还是坚持写信暗示儿子谈朋友不要怕花钱，并偷偷地把外出打工的小儿子给她治病的钱寄给大儿子。王强发誓要满足母亲这份沉重的关爱……

"五一"那天，王强的6位老乡决定到郊区的凤凰山上去潇洒一回。一张在一对展翅欲飞的美丽凤凰雕像前的6人合影

诞生了。

王强想到了远方日夜期盼着的母亲，于是将那张合影寄回了家，他在信上说：“妈妈，第一排最左边，像一只白天鹅一样的女孩叫苗苗，她是我的女朋友，以后就少给我寄钱吧，我们很好……”这个善意的谎言果真给母亲带来了莫大的慰藉，她收到照片后一有机会就拿出来给别人看。

寒假正准备回家，弟弟的一个电话把王强几乎击倒了，母亲患了癌症，顷刻间山崩地裂，他甚至连说话的力气也没有，泪水“吧嗒吧嗒”地落在桌子上。弟弟要求他回乡时一定要带上“女友”苗苗到城关县医院里看望母亲。

王强约出了苗苗，她穿着很单薄的红绒毛衣，显然有些冷。他沉默了好久，终于以“请原谅”3个字开始叙述自己的故事。苗苗听完母亲和那张照片的故事后，嘴巴张得很大。说到深情处，他竟像小孩似的“呜呜”地哭了，等待着苗苗暴风骤雨般的怒吼……

苗苗没有怒吼，更没有骂他“卑鄙”，而是平静地说他不该用那张照片来制造谎言，这无私的宽容竟使他感到了从未有过的痛楚。

母亲终于如愿以偿地见到令人炫目的苗苗，惊喜得要为她拿水果。苗苗连忙阻止母亲，说：“阿姨，您好好休息吧，不要太客气了。”母亲的脸上出现了一丝红润。在医院护理母亲的表姨说王强有好福气，找了个好女朋友。听了这些话，王强心里酸溜溜的不是滋味，心想自己哪有那福气啊！

苗苗的到来给母亲带来了无比幸福的感觉，她一天比一天好了起来，令人吃惊的是，医生在几次检查中都没有发现母亲的内脏有癌细胞。接下来是激动的等待，最后院长亲自送来 CT 报告单，向他们解释，他们将良性肿瘤当成癌变肿瘤切除了，但这并不影响医疗效果。苗苗陪着王强全家落下了欣慰的泪水。

苗苗的生日到来了，王强按照母亲的意思想给她买套好点儿的衣服，却被苗苗阻止了。她说他应该送给她更纯洁、更高尚的礼物，王强一时没了主意，便骑着一辆自行车跑到市郊几十里外的一座山上。那里山花烂漫，迎风飘香，他采摘了一大捧清香的兰花。看到他的脸上被荆棘划破了好几道血痕，苗苗手捧着兰花感动得不停地责备："谁让你跑那么远去摘花呢？"

大学毕业后，王强和苗苗结了婚。许多熟人都知道王强的罗曼史有着与众不同的地方，那就是他的女朋友是"骗"来的，但却找到了今生的最爱。

每个人都曾经年轻，年轻得什么都不懂，却自以为什么都懂，但唯独不懂"爱情是什么"。但历经岁月的人会给我们答案：爱是牵挂，是刻骨铭心的记忆，是剪不断理还乱的思绪，是独自静静地等待；爱是奉献，是心甘情愿、不求回报的付出；爱是责任，是宽容，是在乎对方说的每一句话，甚至是愿意为对方去生病，愿意为对方做任何事。

顿悟舍得：

爱情到底是什么？谁也说不清，但爱情里一定要有付出，一定要有彼此的理解和关爱。这些会让爱自然萌生，不需要其他色彩来铺垫，不需要其他外在事物来点缀，这种爱才是真正的爱。

6. 爱情，就是彼此竭力地付出与承受

爱是浪漫？爱是激情？爱是疯狂？爱是新鲜？爱是刺激？细细想来，爱是一份牵挂，爱是一种责任。爱是清香四溢的茶水中的一片叶，淡淡的却散发着余味。爱是荡气回肠的音乐中的一个音符，轻轻地弹奏出美妙声音。爱是你不经意中体会到的温馨，经历爱时不觉得是爱，失去时才知道是爱。

有位太太的先生是知名的企业家，对她百依百顺，以世俗人的眼光看起来，她很幸福。物质生活的富裕，使她看起来是幸福中的幸福人。但她仍觉得很苦，看到一个朋友时，她哭得很伤心，朋友问她："你有什么不满意呢？"

她说："你不知道啊！他最近变得冷淡，使我痛苦、不满。"朋友劝她说："到底你要追求多少感情才满意呢？不要太强求，感情如同一个球，愈硬碰，它便跳得愈高愈远。"

她问："那要如何解决呢？"

朋友回答道："放宽尺度，你爱的范围太狭窄了，犹如把感情当成一条绳子，缚得他对你产生敬而远之的心理，才使你那么痛苦。你应该以柔和的感情来宽容他的一切，不要将占有欲、控制欲加在感情上面，否则先生表面又顺又爱，但内心却又烦又畏，也就难怪他会对你有欺骗的行为了。你若能把爱扩大到去爱他所爱的人，他一定会感谢你，同时也更珍惜这份感情中的恩情，因为你所给予他的爱是那么的自在。人的感情就像是

熔炉，只要你多给他宽大的爱，满足他的感情，再冷再硬的心也会被它熔化……”

的确，爱情是一种不应计较回报的付出，而不是时时刻刻的索取。如果希望自己的付出得到同样的回报，那么到最后得到的或许是苦涩的果实，因为彼此对回报的定义并不在统一的见解上。爱一个人，就是无条件地付出，哪怕最后落得伤痕累累，也不会感到后悔，这才是爱的最真表现，否则充其量也只能算是喜欢。

爱情就是两个人的相濡以沫，爱情就是两个人的长相厮守，有爱的人会觉得一切都是甜蜜的。每天晨起时，能看见自己的爱人就在身边，看着爱人忙忙碌碌的身影；能在有星星的夜里，和爱人缱绻星光下，数数天上的点点繁星，细述心中的爱意，那就是一种幸福。虽然很简单，但是很实在。爱情，就是当我们生病时，爱人给我们递上的一杯开水、几粒药丸，还有充满关怀与爱的眼神……这样，我们就无药自愈了。

爱情，就是彼此竭力地付出与承受，它无微不至，无所不能，因此爱情也就是包容。当我们发现我们已经能够容忍爱人的一切的时候，那说明我们已经懂得爱、付出爱、承受爱、拥有爱。当然，包容并不等于纵容。包容是用心去拥抱爱情，而纵容只能令爱情陷于万劫不复之地。因此，爱情不会只是风平浪静地相处，有爱的日子也会有磕磕绊绊、吵吵闹闹，而我们就在这些磕磕绊绊中修补我们的爱情，我们就在这些吵吵闹闹中看到彼此的不足，然后不断修补爱情的漏洞，能走过磕磕绊绊的爱情就能坚持到最后。我们或许可以把爱情比作一瓶酒，爱情这酒必须有它的烈度，这就是轰轰烈烈的爱恨交织。但是，喝多了太烈的酒会伤身体，同样，爱情不是轰轰烈烈后就完事的，它需要持之以恒。所以爱情的浓度更令人心醉，如酒，越陈越香，越陈越耐喝。

爱情就是一种牵挂，当我们远行时，在异乡窗前的明月下，我们会思念远在家乡的爱人，我们会默默为他祈祷，“但愿人长久，千里共婵娟”。爱情就是四海飘泊的人，在一个陌生的城市中找到一个能够寄托终生的爱人，然后在这个城市停驻下来，落地生根……爱情就是这样的有所依托。

如果再多的话语都阐释不了爱情，那么，就让我们把爱情归结为在冷冷的冬夜里爱人给我们递上的一杯热咖啡，春暖花开时彼此相视的那种满满的笑意，自在，而且自得。

爱情是甜蜜和苦涩的混合体，就好像多彩的颜色是由红、黄、蓝三色变化而成。从另外一个角度来看，爱情是一种容易变质的东西，它很难经得起时间、空间的考验。爱情路上的落魄者大都会告诉我们一个不争的事实：千万不要随意用时间或空间来考验我们的爱情。

爱一个人，要了解，也要开解；要道歉，也要道谢；要认错，也要改错；要体贴，也要体谅；是接受，而不是忍受；是宽容，而不是纵容；是支持，而不是支配；是慰问，而不是质问；是倾诉，而不是控诉；是难忘，而不是遗忘；是彼此交流，而不是凡事交代；是为对方默默祈求，而不是向对方诸多要求；可以浪漫，但不要浪费；可以随时牵手，但不要随便分手。如果我们都做到了，即使我们不再爱一个人，也只有怀念，而不会怀恨。

只有去爱每一个人，爱才不至于自私、偏狭、跛扈，才不容易像脱水的花朵般凋败，才能受到更恒久、更普遍的祝福。学会真正去爱一个人，就是学会爱身边的一切，爱世间的万物。

顿悟舍得：

爱情，就是彼此竭力地付出与承受，它无微不至、无所不能，因此爱情也就是包容。当我们发现我们已经能够容忍爱人的一切的时候，那说明我们已经懂得爱、付出爱、承受爱、拥有爱。

7. 将感情投注到合适的人身上

在巴黎市中心的两条大街的交叉口，有一座名为《巴尔扎克纪念碑》的塑像。这座塑像上的巴尔扎克昂着头，用嘲笑和蔑视的目光注视着眼前光怪陆离的花花世界。然而巴尔扎克像却没有双手，这是怎么回事呢？

这座塑像是近代欧洲雕塑大师罗丹的作品。

为了创作出这件作品，理解和体会这位《人间喜剧》作者的思想感情，表达出巴尔扎克的内在神韵，罗丹仔细阅读了巴尔扎克的全部重要作品，认真钻研了有关巴尔扎克的评论文章和传记作品。

不仅如此，罗丹对塑像的创作所持的态度也极端认真。当时塑像的委托者限定 18 个月完成，并给了罗丹一万法郎定金。罗丹为了避免时间仓促而做得粗制滥造，退回了一万法郎，并要求多给他一些时间。

在塑像的创作过程中，罗丹还经常征求别人的意见。

一天深夜，罗丹在他的工作室里刚刚完成巴尔扎克的雕像，独自在那里欣赏。他面前的巴尔扎克身穿一件长袍，双手在胸前叠合，表现出一种一往无前的气势。兴奋的罗丹迫不及待地叫醒一名学生，让他来评价自己的作品。

这位学生怀着惊喜的心情欣赏着老师的杰作，目光渐渐地集中在雕像的那双手上。“妙极了，老师！”这位学生叫道，“我从来没有见过这样一双奇妙的手啊！”听到这样的赞美，罗丹脸上的笑容消失了。他匆匆跑出工作室，又拖来另一个学生。“只有上帝才能创造出这样一双手，它们简直和活的一样。”学生用虔诚的口吻说道。罗丹的表情更加不自然了，他又叫来第三个学生。这个学生面对雕像，用同样尊敬的口气说：“老师，单凭您塑造的这双手，就可以使您名垂千古了。”

此时的罗丹已经变得异常激动，他不安地在屋内走来走去，反复端详这尊雕像。突然，他抡起锤子，果断地砍掉了那双“举世无双的完美的手”。学生们惊讶于老师的举动，一时不知说什么才好。

罗丹用平静的口气对他们说：“孩子们，这双手太突出了，它们已经有了自己的生命，不属于这座雕像的整体了。”

罗丹是明智的，不留恋最完美的，只根据自己的需要进行选择。

生活中，选择恋人何尝不是如此。漂亮的、英俊的、有钱的……但不适合自己又谈何幸福呢？

爱情绝不是生命的全部，除此之外我们还有更多的事情需要去做，而不必在此浪费时间，特别是不要把感情浪费在不合适的人身上。当你感觉对方不合适时可以选择离开，而不是被迫离开，虽然可能会落得个被抛弃的名声，但这又何尝不是一种洒脱呢？

一个女孩发现和自己订婚的男孩爱上了另一个女孩，并且不可能令这个男孩回心转意了。于是她将自己打扮得非常动人，然后约他见面。他看见她的样子，竟被迷住了。然而她却在这最美的时候向他提出了分手，最后离开，留给了他一个洒脱的背影。他开始后悔了，而她，却因为主动提出分手，为自己留下了一份尊严和从容。

当你发现对方不适合自己了，不要一味地忍让包容，这样只会纵容对方。受了伤害，就有权离开。不爱了，就要果断。和不适合的人分开，才会给自己机会去遇见合适的人。

选择终身伴侣更要讲究适合自己，适合自己的一个前提是：对方要是个“自由身”。“自由身”就是可以自由和你交往，没有结婚、没有订婚、没有固定的交往对象，单身并且只和你交往的人。如果你爱上的男人答应会早点和另一个女人分手；或是他说他不爱另一个女人，他爱的是你；或是他原来的对象接受你的存在，他们不打算分手，但他想跟你在一起一阵子，或是他刚分手，但可能破镜重圆……这些都不是“自由身”。

感情是珍贵而又容易枯竭的，请珍惜你的感情，别把它浪费在不适合的人身上，而要将它投注到合适的人身上。果断地丢弃不合脚的鞋，唯有如此，你的感情才能开花结果，否则你将承受无尽的伤痛与悔恨。

顿悟舍得：

当你发现对方不适合自己了，不要一味地忍让包容，这样只会纵容对方。受了伤害，就有权离开。不爱了，就要果断。和不适合的人分开，才会给自己机会去遇见合适的人。